JN016739

Learning Laravel for your next career!

バージョン **10** ［対応］

Laravel の教科書

きほんからデータベース連携まで
Laravelがわかる!

著 **加藤じゅんこ**
Junko Kato

ソシム

●**商標等について**

・本書に記載されている社名、製品名、ブランド名、システム名などは、一般に商標または登録商標で、それぞれ帰属者の所有物です。

・本文中では、(C)、(R)、(TM)は表示していません。

●**注意**

・本書の一部または全部について、個人で使用するほかは、著作権上、著者およびソシム株式会社の承諾を得ずに無断で複写／複製することは禁じられております。

・本書の内容の運用によって、いかなる障害が生じても、ソシム株式会社、著者のいずれも責任を負いかねますのであらかじめご了承ください。

・本書の内容に関して、ご質問やご意見などがございましたら、本書巻末記載のソシムWeb サイトの「お問い合わせ」よりご連絡ください。なお、お電話によるお問い合わせ、本書の内容を超えたご質問には応じられませんのでご了承ください。

はじめに

本書を手に取っていただき、ありがとうございます！

「できるだけ分かりやすくLaravelを学びたい」
「すべてのステップを省略せずに教えてほしい」
「セキュリティなど、Webアプリ開発において大事な知識も得たい。」

本書は、こんなふうに思っている あなたのために書きました。
まずは内容について、少しご紹介をしますね。本書は、次の順番でLaravelの使い方を説明していきます。

●第1章
Laravelとは何か、具体的にどんな機能を搭載できるかをお見せします。

●第2章
Laravelのインストール方法と初期設定方法を説明します。本書では、Laravel SailというDockerを使った開発環境を利用します。「Dockerについてよく知らない」という場合でも、ご安心ください。Dockerのインストール方法も含め、分かりやすく解説していきます。

●第3章から第5章
Laravelの仕組みを解説します。まずはLaravelの基本構造となるMVCモデルと、Laravelのディレクトリ（フォルダ）構造を解説します。その後に、MVCモデルの各要素の役割や、コードの入力方法を説明します。Laravelを使う上で、土台となる知識が身に着きます。

●第6章から第9章
LaravelでCRUD処理（データの作成・保存・表示・更新・削除）を搭載する方法を説明します。ミドルウェアやGate（ゲート）を使って、アクセスや動作に制限もつけてみます。適切に制限を加えて、セキュリティ面でも安心できるWebアプリを開発していきましょう。

●第10章
テストデータの効率的な作成方法やペジネーション（ページ分割）の搭載など、Webアプリを開発する上で役立つ技をご紹介します。
またナビゲーションメニューやロゴを整え、ユーザーが使いやすいWebアプリにする方法もお伝えします。

●第11章
エラーの解決方法と、よくあるエラーの対策をご紹介します。

　本書を通じて、Laravelの基本構造が理解できます。またWebアプリ開発で必須といえるデータの投稿・保存・表示・編集・削除といった一連の処理を搭載する方法が分かります。さらに、Webのセキュリティに関する知識も身につきます。

　Laravelは使いやすいフレームワークですが、プログラミング経験が少ない方にとっては、最初は敷居が高いかもしれません。わたし自身も、最初にLaravelを学び始めた頃はプログラミング経験が浅く、「既存の教材は難しすぎる。」と感じました。既存の教材は、ある程度経験がある人向けのものが多く、基本的な説明が省略されていたりするためです。そこで本書は、Webプログラミング経験が少ない方でも分かるよう、**できる限り専門的な言い回しを避け、すべてのステップを解説**するようにしました。

　また楽しくLaravelを学んで頂けるように、キャラクター達のセリフを交えつつ、説明を進めています。

　本書に出てくる**主な登場人物は、junkoとhitsuji**です。主人公のjunkoが、hitsujiからLaravelを学んでいくという設定になっています。junkoは、Laravelを学び始めた頃のわたし自身をモデルにしています。

　途中からはLaravelのMVCモデルという構造に沿って、**モデル、ビュー、コントローラ、ルーター、ミドルウェア**といったキャラクターが登場します。それぞれ個性が強く、時にjunkoとhitsujiを怒らせたり、困らせたりもします。

こういったキャラクターたちの個性や会話も味わいながら、Laravel学習を進めていってください ね。

　なお本書はプログラミング経験がある程度ある方にも満足頂けるよう、高度な方法も織り交ぜ ています。ただ、応用的な方法はお伝えしていません。本書を読み終えた時に「Laravelって面白 い！もっと学びたい。」「もっと色々なコードの書き方を知りたい」と思ったら、本書の最後の章「こ れからの学習方法について」で学習方法をご紹介しているので、ぜひ参考にしてください。

　それではここから、一緒にLaravelの学習を始めていきましょう。

　本書を進めるにあたってエラーが発生した場合には、CHAPTER 11の「よくあるエラーと 対策」を参照してください。

　なお、本書に掲載しているコードは、下記よりダウンロード頂けます。

 コードダウンロード
https://biz.addisteria.com/code_download/

CHAPTER 3　Laravelの仕組み 109

コードの基本的な入力方法　133

Laravelとデータベースの連携　165

CHAPTER
6

投稿データの作成と保存

CHAPTER 11　エラーの解決方法　　321

CHAPTER 12　今後の学習について　　339

1

Laravelで何ができるの?

「Laravelって何?」「Laravelで、一体、どんなことができるの?」
ここでは、こんな疑問をお持ちの方のために、まずはLaravelとは何
か、Laravelでどんなことができるのか、実際のWebアプリを使って
解説します。
このCHAPTERを通じて、Laravelでどんな機能を搭載できるのか、
具体的なイメージをつかんでいただけます。
それでは始めていきましょう!

Laravelって何？

それじゃ、これから Laravel を学んでいこう。
まずは、Laravel のことを知っておこう。

うん！
Laravel って、PHP のフレームワークなんだよね。

そうだね。ところで、
フレームワークって、何か知ってる？

えっと、フレームワークだから、
枠組みかな？

うん。
まあ、わかりやすくバーベキューセット
のようなものって思ってみて。

ば、バーベキュー⁉

　まずは、Laravelについて学んでいきましょう。**LaravelはPHPのフレームワーク**です。フレームワークとは、Webアプリケーションを開発するために必要だったり、便利だったりする機能が用意されている枠組のこと。「いまいちピンとこない」と感じたら、**「フレームワークは、バーベキューセットのようなもの」**と捉えてみてください。

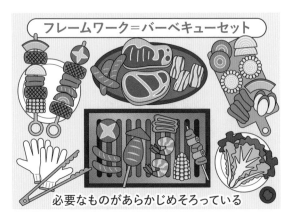

フレームワーク＝バーベキューセット

必要なものがあらかじめそろっている

　バーベキューをする時、お肉や野菜などの材料を買ってきて、すべて包丁で切って焼くと面倒ですよね。バーベキューセットを買ってくれば、バーベキュー向けのお肉や野菜がちょうど良いサイズに切ってあります。あとはこれを焼くだけでOK。自分でいちから材料を買うときと比べて、手間が大きく省けますね

　プログラミングでも同じことがいえます。PHPだけでWebアプリを作れるものの、手間がかかり、効率が悪いです。またセキュリティ上行っておいたほうが良いことを、うっかり忘れてしまう可能性があります。フレームワークであれば、よく使う機能は予め搭載されているので、必要な時に呼び出すだけで使えます。セキュリティ上大事な部分も効率よく搭載できるようになっており、きちんと搭載していなければエラーになったりもします。これによって、必要な対策が抜けてしまうのを防げます。

　フレームワークを使うことで、**いちからコードを組むより効率よく、さらにセキュリティ上も安全なWebアプリが作れる**のです。

> フレームワークって、便利なんだね。
> そんなに便利なら、Laravel以外にもありそうだけど。

> うん。実は、Laravel以外にも、
> PHPのフレームワークはあるんだ。

　PHPのフレームワークは、Laravelだけではありません。**Laravelは、むしろわりと後から登場してきたフレームワーク**になります。Laravelがリリースされる前にも、すでに下記のようなフレームワークが使われていました。

- CakePHP（2005年リリース）
- Symfony（2005年リリース）
- FuelPHP（2011年リリース）

　Laravelが最初にリリースされたのは、**2011年6月**です。ですがリリースからシェア数を右肩上がりに伸ばし続けました。今では、LaravelはPHPフレームワークの**業界標準**といえる地位を確立しています。次の表は、Laravel登場時に人気があったCakePHPとLaravelのGoogleトレンドの結果を比較した表となります。

▶ CakePHPとLaravelのGoogleトレンドの結果比較

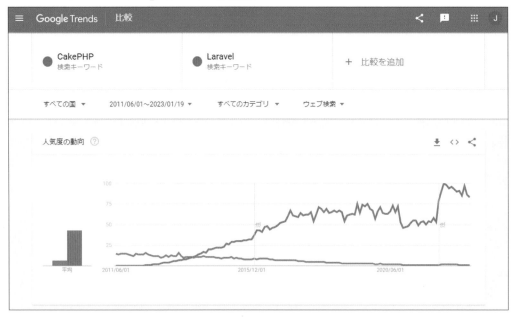

※参考：Googleトレンド（https://trends.google.co.jp/）

　LaravelがリリースされたL頃は、CakePHPの検索者数のほうが当然多くいました。ですがしばらくたつと、**Laravelを検索する人の数がぐんぐん増えていっている**のが分かります。

Laravelで搭載できる機能の例

ところでLaravelを使って、
どんなものが作れるの？

それじゃ、次はそこを見ていこう。

Laravelによって、たとえば、下記のようなWebアプリを開発できます。

- **顧客管理システム**
- **ブログ**
- **学習サイト**
- **ECサイト**
- **コミュニティサイト**

他にも、色々なWebアプリを開発することができます。

ただ色々作れるとはいっても、実際にどんな機能を実装できるのか、イメージしにくいですよね。そこで、わたしが運営している学習サイト**「Laravelの教科書」**を例にとって、**Laravelで実装できる機能**をいくつか紹介していきます。「Laravelの教科書」は、システム自体もLaravelを使って開発をしました。現在、この学習システムは、Eラーニングシステムとして販売をしています。実際のWebアプリの機能を見て、「Laravelでこんなことができるんだ」というイメージを膨らませてください。

1-2-1　ユーザー認証機能

Laravelはライブラリを使って、手軽に**ユーザー認証機能**を実装できます。ユーザー認証機能は、会員制のWebアプリでは必須の機能です。ユーザー認証機能を搭載すると、あらかじめ登録をしたユーザーのみに、コンテンツを表示したりできます。

「Laravelの教科書」サイトも、ユーザー認証機能を搭載し、受講生しか教材を見られないようにしています。受講生はログイン画面で、登録したメールアドレスとパスワードを入力する必要があります。

▶ Laravelの教科書・ログイン画面

　Laravelには、ユーザー認証機能を実装するためのライブラリがいくつか用意されています。ライブラリによっては、二段階認証機能もデフォルトでついています。二段階認証によって、パスワードが不正利用された場合でも、第三者による不正なログインを防ぐことができます。どんな認証用ライブラリがあるかは、後ほど詳しく解説していきますね。

1-2-2　コンテンツ作成・表示機能

　「Laravelの教科書」は、Laravelの使い方を解説する教材サイトです。教材部分は、ブログサービスやWordpressのように、エディタを使って作成すると便利です。そのためsummernoteというオープンソースのエディタをアレンジし、これを使って教材を作成しています。

 summernote 公式サイト
https://summernote.org/

▶ summernote公式サイト

実際の教材編集画面は、下記のようになっています。作成した教材は、データベースに保存されます。

▶ Laravelの教科書・管理者用教材作成画面

受講生がログインして教材を開くと、データベースに保存されたデータが呼び出されます。受講生は下記のような画面を通じて、教材を学習できます。

▶ Laravelの教科書・受講生用画面

このようにデータを保存したり表示したりする操作の流れは、**「CRUD（クラッド）」** と呼んだりします。Laravelは、このCRUD操作を効率的に実現するための機能もついています。このあたりも、また後ほど詳しく解説していきますね。

1-2-3　JavaScript フレームワークとの連携

　Laravelは、**Vue.jsやReact.jsといったJavaScriptのフレームワークとの連携が可能**です。これによって、ページを移動せず、ひとつのページだけでコンテンツを切り替えるシングルページアプリケーション（SPA）の開発が可能になります。

　「Laravelの教科書」は、部分的にVue.jsと連携させています。各CHAPTERの最後に確認テストを設置していますが、このテスト部分をVue.jsで作っています。

▶ **Laravelの教科書・確認テスト画面**

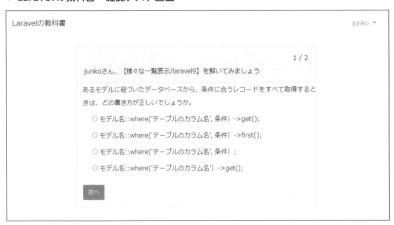

　テスト部分はすべてひとつのページにコードを入れていますが、ユーザーの動作によって表示が切り替わるようにしています。たとえばユーザーが回答を選んで「次へ」ボタンをクリックすると、次のテストが表示されます。すべての設問に回答した時には、テストの採点結果が表示されます。

　本書ではJavaScriptフレームワークとの連携方法は解説しませんが、ご興味あれば、Laravelの操作をひととおり習得した後に、トライしてみてくださいね。開発できるWebアプリの幅が広がります。

1-2-4　メール自動通知

　Laravelでは、**メールを送信する機能**も実装できます。これによって、ユーザーが何らかの操作をした時にメールで通知する、といった動作を加えることができます。

　「Laravelの教科書」では、ユーザーから質問があった時に管理者宛にメールが届くようにしています。管理者側で質問に返事をした時は、質問をしたユーザーにメールが送信されます。

▶Laravelの教科書・質問に返信があった時に自動で送信されるメール

【Laravelの教科書】質問に返信がありました ⟳

 Laravelの教科書
To info ▾

質問に返信がありました。下記リンク先をご確認ください。

詳細はこちら

————
本メールは送信専用となっております。
ご不明点などございましたら、教材サイトからお願い致します。

Laravelの教科書

　メール通知は、業務効率化系のWebアプリの中でもよく実装する機能です。メールを上手に使うことで、各種自動化が可能になります。

　なおメールを送信するには、別途メールサーバーの契約が必要になります。ただ開発段階においては、**MailHogなどのテスト用のメールサーバー**を利用できます。実際のメールが送信されることはないですが、ブラウザ上で、どんなメールが届くか確認できます。

1-2-5　動作の制限（認可）

　誰でもアクセスが可能なWebアプリのようなシステムは、**アクセスや動作に制限をかける仕組み**が非常に大事です。

　「Laravelの教科書」でも、ログインユーザーしかテキストを見られないように制限をかけています。またテキスト作成画面やユーザー管理画面などは、管理者しか見られないように制限をかけています。

▶Laravelの教科書・アクセス権がないページを表示しようとした時の画面

403 ｜ THIS ACTION IS UNAUTHORIZED.

こういった制限機能を搭載するには、**ミドルウェアや、Gate（ゲート）やPolicy（ポリシー）といった機能**が使えます。LaravelでミドルウェアとGateを使ってアクセスに制限をかける方法は、後ほど解説していきます。

1-2-6　外部ツールとの API 連携

Laravelは、**APIによって外部ツールと連携**させることができます。API連携は、実際の開発ではよく行います。外部ツールの機能を上手に取り入れることで、高機能なWebアプリを効率よく開発することができます。

「Laravelの教科書」では、決済システムStripe（ストライプ）などのツールとAPI連携させています。ユーザーが決済を行う時には、Stripe側で処理が行われるようにしています。

▶ Stripeの決済画面例

これによって、決済機能をWebアプリに搭載せずにすみます。またユーザーに、使いやすく信頼できるシステムで決済処理を進めてもらえます。

Stripe以外にも、たとえばLINEなどとのAPI連携も可能です。既存のシステムと上手に連携させることで、様々な効率化や自動化が可能になります。本書ではAPI連携までは扱いませんが、本書でLaravelの基本機能を搭載した後に、チャレンジしてみてくださいね。わたしのブログにもStripeやLINEとのAPI連携について解説した記事があるので、ご興味あれば、参考にしてください。

 Junko のブログ「40 代からプログラミング！」
https://biz.addisteria.com/

以上、Laravelで搭載できる機能を、実際にLaravelで開発した学習サイトを例にご紹介してきました。Laravelは、他にも様々な機能を実装することができます。「Laravelを早く使ってみたい！」と感じてもらえたら嬉しいです。

次回は、Laravelのインストールに進んでいきましょう。

CHAPTER 1のまとめ

☑ **LaravelはPHPフレームワークの「業界標準」といえる地位を確率している**
他のPHPのフレームワークと比べ、Laravelは圧倒的に高い人気を得ています。

☑ **フレームワークを使うことで、効率よく、安全なWebアプリが作れる**
フレームワークには、よく使う機能やセキュリティ対策が予め搭載されています。必要な時に呼び出すだけで使用できます。

☑ **Laravelによって実装できる機能例としては、次のようなものがある**
1. 認証機能
2. コンテンツ作成・表示機能
3. JavaScriptフレームワークとの連携
4. メール通知
5. 動作の制限
6. 外部ツールとのAPI連携
他にも、様々な機能を搭載できます。

COLUMN

Laravelを使い始める時に必要な知識ってどんなもの？

Laravelを使う際には、Laravel以外に、下記の技術が必須となります。

【必要な知識】
- HTML
- CSS
- PHP

HTMLやCSSは、**Webアプリケーションを作るなら**、必須となります。そこまで高度な技術は不要ですが、基本部分を知っておいた方が良いでしょう。またLaravelはPHPのフレームワークなので、PHPの知識が全くないと、習得は難しくなります。

　PHPのレベルとしては、もちろん詳しければ詳しいほど良いですが、まずは基本的な部分が分かっていれば大丈夫です。たとえば、for関数やforeach関数や、配列等に関する知識は必要です。**またクラスの概念やクラスの使い方も理解しておきましょう。**

　「PHPってどう勉強したらいいんだろう？」と悩んだら、良かったら、下記記事の中でわたし自身の勉強方法を掲載しているので、参考にしてください。

「40代プログラミング初心者が1000時間勉強してプログラマになった方法」
https://biz.addisteria.com/programming_leraning_method/

　他にも、下記に関する知識や経験があると、Laravelを学んだり、Webアプリを開発したりする際に有利です。

【あったら良い知識】
● JavaScript
● コマンド入力
● サーバーに関する知識
● BootstrapやTailwind CSS

　Webプログラミング経験のある方であれば、すでにこの辺りもご存じかもしれません。ただ、もしこういった知識がない場合でも、ご安心ください。これから必要な時にひとつずつ身に着けていけば大丈夫です。

　著者自身、プログラミングを始めたのは実は40代になってからです。Laravelを学び始めたときも、それほど知識や経験があったわけではありません。そのため最初のうちは「これって何？」と疑問ばかりでした。またエラーを解決できず、「わたしには素質がない…」と落ち込むこともしょっちゅうでした。ですが、新しいことを学ぶのが大好きな性格であるため、学ぶこと自体が楽しくて、途中であきらめることはしませんでした。おかげでスキルを伸ばしていくことができました。

　Webの世界は、日進月歩で技術が進んでいき、新しいサービスがどんどん誕生します。なので、常に学び続ける必要があります。言い換えれば、「楽しく学び続けられる人」「新しい技術に柔軟に対応できる人」が生き残っていける場所です。ぜひ楽しんで、共に新たな技術を学び続けましょう。

CHAPTER

2

Laravelを使うための準備

それでは、いよいよLaravelを使っていきましょう。まずは、Webアプリケーション開発の一般的な流れと、Laravelでプロジェクトを作成するまでの流れを紹介します。その後、実際に開発環境の構築に取り掛かっていきます。

本書では、Laravel SailというDockerを使った開発環境を使用します。開発環境の構築は、一筋縄ではいきません。慣れていない場合には、行き詰まってしまうことがあるかもしれません。そういった時のために、エラー対策も入れています。また本章の最後のコラムでは、Laravel Sail以外での開発環境構築についてご案内します。困ったときには、そちらも見てみてくださいね。

それでは、始めていきましょう！

Webアプリケーション開発の流れ

それじゃ、Webアプリの開発の流れを説明していくね。
本番環境に反映するまでには、
5つのステップがあるんだ。

へぇ。

Webアプリケーション開発の大きな流れは次の通りです。それぞれを詳しく説明します。

1. ・開発環境を整える
2. ・プロジェクトを作成する
3. ・プロジェクトを編集する
4. ・開発環境で動かしてみる
5. ・本番環境へデプロイする

①開発環境を整える

　Webアプリケーションの開発には、PHPのようなプログラミング言語のほかに、データベースやWebサーバーなど様々なツールが必要です。そのためには、こうしたツールを手元のパソコンにインストールして、それらがうまく動作するように、設定する必要があります。

②プロジェクトを作成する

　Laravelでは、Webアプリケーションを**「プロジェクト」**という形にまとめて作成します。プロジェクトは、Webアプリケーションの実行に必要となるファイルやフォルダーを、1つのフォルダーにまとめたものです。

Webアプリケーションでは、たくさんのファイルを作成しますから、それらをうまく分類・整理する必要もあります。Laravelでは**「プロジェクトの作成」**という操作を実行するだけで、アプリケーションの実行に必要となるファイルやフォルダー類をすべて、自動的に作成してくれます。手作業で用意したり、分類したりしていくのと比べると、圧倒的に楽ができるのです。

CHAPTER 2で説明するのは、①と②の部分です。

③プロジェクトを編集する

プロジェクトの作成が済み、Webアプリケーションの基礎となる部分を用意できたら、そこに独自の機能を追加していきます。ここでは、PHPファイル、画面表示のためのファイル、その他、各種設定ファイルの編集が必要になります。1つのファイルを編集して完成というわけにはいかず、必要に応じていくつものファイルを編集したり、作ったりしていく必要があるでしょう。この③の部分を学ぶことが、「Laravelのプログラミングを学ぶこと」といえます。

④開発環境で動かしてみる

Webアプリケーションの開発が少し進んだら、実行して動作を確認します。Laravelをインストールすると、動作確認用のWebサーバーが一緒にインストールされるので、その場ですぐに実行して動作を確認することができます。動作を確認して、うまく動かなかったら③に戻ってプログラムの修正を行い、もう一度④に進んで実行テストする。このような操作を繰り返して開発を進めていきます。

⑤本番環境へデプロイする

Webアプリケーションが完成したら、実際に公開するWebサイト（本番環境）へWebアプリケーションを**デプロイ**する必要があります。デプロイとはWebアプリケーションをアップロードして、動かせる状態にすることです。デプロイ先としてはレンタルサーバーやクラウドサービスなどがありますが、PHPの実行をサポートしているサーバーやサービスを選ぶ必要があります。デプロイが済んで実際にWebブラウザでアクセスし、正常に動作することを確認できたら、Webアプリケーションの開発は終了です。

本書で主に説明するのは、①〜④の部分です。

Webアプリケーションの開発では、どのようなプログラムを作成していくのか決めることが最も重要ですが、開発の流れが分からないうちは、まずは流れの理解から進めていく必要があります。

そこで、本書はかんたんな掲示板プログラムの開発を通して、一連の開発作業そのものを体験できる構成にしています。

Laravel Sailによる
プロジェクト作成までの流れ

まずは開発環境を整えるんだね。

うん。今回は Laravel Sail（ララベルセイル）を使って開発環境を作っていこう。

Sail って、帆って意味だよね。なんだか、船で航海に出ていけそうな名前だね。Laravel Sail を使うと、何か良いことがあるの？

あるある！　Laravel Sail を使うと、必要なものを一度に入れられるから、インストールの手間が省けるんだ。

へぇ。それは便利そう。

2-2-1　Laravel Sail について

　Laravelの開発環境を整える方法はいくつかありますが、本書では**Laravel Sail（ララベル セイル）** を使って開発環境を整える方法を紹介します。Laravel SailはDockerを使った開発環境です。Laravelの公式マニュアルのインストールの章でも、Laravel Sailが紹介されています。

　Laravel Sailを使うメリットは次の通りです。

● 開発に最低限必要なツールを一度にインストールできるので、インストールの手間を省ける

● 本番環境と同じ環境を手元に用意して、動作を確認できる

● PHPのバージョンが異なる複数のプロジェクトの管理が楽にできる

　Laravel Sailを使った環境構築は他の方法と比べると手軽ですが、簡単というわけではありません。場合によっては途中でエラーが起こって、つまずくことがあるかもしれません。本書では、できるだけインストールでつまずかないよう、エラー対策も紹介します。まずは本書に沿って、

Laravel Sailを使って環境構築を進めてみてください。

なお、ご利用の環境によって、**本書で扱っていないエラーが出ることもあります。** Laravel Sail に関するエラー対策は、**CHAPTER 2の最後のコラム**に掲載しています。困った時には、見てみてください。下記のブログ記事にも、エラー対策を掲載しています。

Laravel Sail エラー対策
https://biz.addisteria.com/laravel-sail-install-errors/

なおLaravel Sailでの開発環境構築には、**PCのメモリが16GB以上あると良い**でしょう。メモリが少ないと、動作が不安定になったりします。Laravel Sailを使っていて、すごく遅かったり、問題を感じたりした場合は、Sailを使わずに開発環境を構築する方法もあります。その場合にも、CHAPTER 2の最後のコラムをご覧ください。

2-2-2 Laravel Sail は Docker を使う

Laravel Sailは、**Docker（ドッカー）** を使った開発環境です。
Laravel Sailをインストールするには、まずDockerをインストールする必要があります。

Docker とは

Dockerは、**コンテナ型のアプリケーション実行環境**です。コンテナの中には、アプリケーションを実行する上で必要なツールを入れることができます。

Laravel Sailの場合には、MySQLやRedis、MailHogといったツールが各コンテナの中に最初から入っています。これによって、Laravelを便利に使い始めることができます。

▶ Laravel Sailの構造

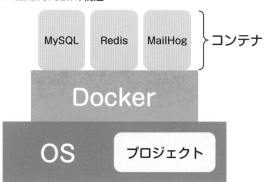

Windows で Docker を使う

　Windowsの場合は、Dockerを入れる前に、まずはLinux用Windowsサブシステム（WSL）を入れる必要があります。このWSLの中にDocker Desktopをインストールします。図にすると、次の通りです。

▶ Laravel Sailの構造（Windows）

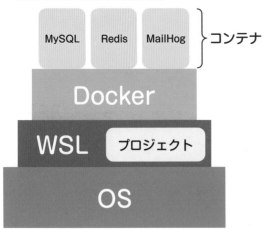

2-2-3 プロジェクト作成の流れ

Windows の場合

　Windowsでは、Laravel Sailで開発環境を整えるために、**Linux用Windowsサブシステム（WSL）** と**Docker Desktop**という2つのツールをインストールする必要があります。
　macOSの場合と比べると、少し手順が複雑です。

5 ・Docker Desktopをインストールする

6 ・Docker Desktopを起動して初期設定する

7 ・動作確認する

8 ・プロジェクトを作成する

9 ・Laravel Sailを起動する

macOS の場合

　macOSの場合には、すぐにDocker Desktopのインストールが可能です。ただ、Appleシリコン搭載モデルをお使いの場合は、**Rosetta 2**をインストールすることをお薦めします。

　Rosetta 2は、Appleシリコンを搭載したMacで、Intelプロセッサ搭載Mac用に開発されたアプリを使えるようになるアップル社製のツールです。

1 ・macOSのバージョンとハードウェアを確認する

2 ・Rosetta 2をインストールする（Appleシリコン搭載モデルの場合）

3 ・Docker Desktopをインストールする

4 ・Docker Desktopを起動して初期設定する

5 ・動作確認する

6 ・プロジェクトを作成する

7 ・Laravel Sailを起動する

SECTION 2-3

Dockerのインストール

それじゃ Docker のインストールを進めていこう。
Windows の場合は、その前に WSL を入れていかなきゃね。

ほーい。
インストールは、ぱぱっと進められそうだね。

それは、ちょっと甘いよ！
環境構築は、実は一筋縄じゃいかない
面倒な部分なんだ。

え、そうなの？

うまくいかないこともあるかもしれない。
その場合の対処法も伝えていくから、
あきらめずに進めていって。

う、なんだか、不安になってきた。
覚悟して取り組むよ。

　それでは、Dockerをインストールするところから始めていきましょう。Dockerのインストールは、WindowsとmacOSで手順が異なります。**macOSをお使いの方は、2-3-2「macOSの場合」（P.47）に進んでください。**

2-3-1　Windows の場合

WindowsではDockerをインストールする前に、Linux用Windowsサブシステム（WSL）をインストールする必要があります。

　WSLは、Windows上でLinuxという別のOS用のアプリを動かすための仕組みです。Windows

用のDockerはこのWSLの機能を利用しているため、Dockerをインストール前にWSLをインストールする必要があります。ここでは、WSLの最新版である**WSL 2**をインストールし、続けてDocker Desktopをインストールする手順を紹介します。

① Windows のバージョンを確認する

　WSL 2は64ビット版の**Windows 11またはWindows 10バージョン2004以上（ビルド19041以上）** で利用できます。手元のWindowsがこれらの条件を満たしているかどうかを確認しましょう。

　Windowsのスタートボタン（Windows 10左下、Windows 11中央下の左端のアイコン）を右クリックして「システム」を選択すると、次のような画面が表示されます。**Windowsの仕様**欄に、Windowsのエディション、バージョン番号、ビルド番号を確認できます。

▶Windowsのエディション、バージョン番号、ビルド番号を確認する（Windows 11）

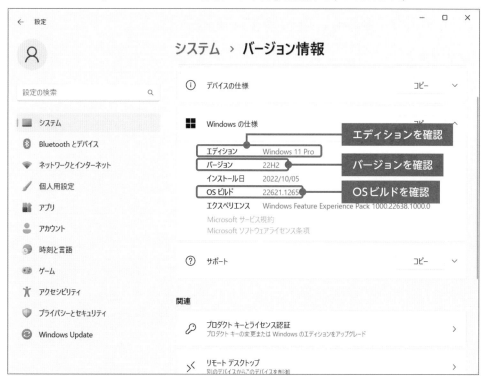

　エディションが、（Sモードでない）Windows 10またはWindows 11であればインストール可能です。エディションがWindows 10の場合は、バージョンとOSビルドが次の表に含まれているかどうかを確認してください。

▷ インストールできる Windows 10 のバージョンと OS ビルド一覧

リリース日	バージョン	OS ビルド
2022 年 10 月	22H2	22621.963
2021 年 11 月	21H2	19044
2021 年 5 月	21H1	19043
2020 年 10 月	20H2	19042
2020 年 5 月	2004	19041

② Windows を最新の状態に更新する

　Dockerを使用するにあたり、Windowsは最新のバージョンにしておくほうが良いでしょう。バージョン番号やビルド番号が古い場合は、**Windows Updateを使って、Windowsを更新**してください。

　［スタート］→［設定］と選択して「設定」アプリを開きます。

▷「設定」アプリを開く

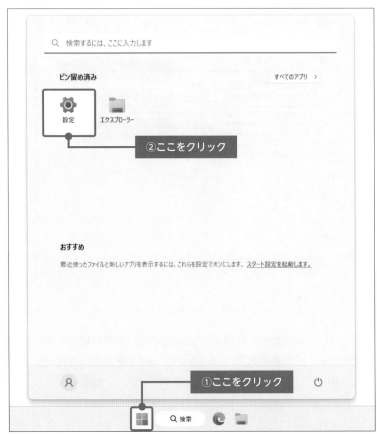

画面左側のメニューから［Windows Update］を選択します。［更新プログラムのチェック］ボタンをクリックし、画面の指示に従ってください。

▷ Windows Updateで更新プログラムをチェック

何かの理由でWindows Updateを実行できない場合は、マイクロソフト社による解説ページを参照してください。

 以前のバージョンの WSL の手動インストール手順 / 手順 2 - WSL 2 の実行に関する要件を確認する
https://learn.microsoft.com/ja-jp/windows/wsl/install-manual#step-2---check-requirements-for-running-wsl-2

③ WSL がインストールされていないことを確認する

手元のパソコンにWSLがインストールされていないことを確認します。

Windows 11では［スタート］→［設定］と選択して「設定」アプリを開き、［アプリ］→［オプション機能］を選択します。

▶ [アプリ]→[オプション機能]を選択

右側の領域をスクロールして、［Windowsのその他の機能］を選択します。

▶ [Windowsのその他の機能]を選択

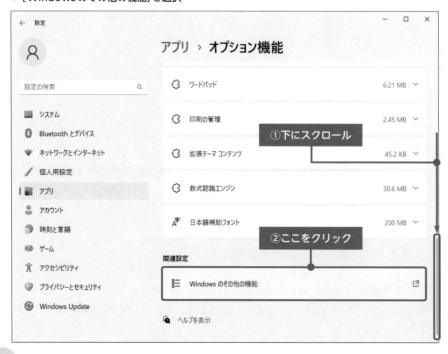

「Windowsの機能の有効化と無効化」画面が開きます。**［Linux用Windowsサブシステム］と ［仮想マシンプラットフォーム］にチェックが入っていないことを確認**します。確認が済んだら、 ［OK］ボタンをクリックして画面を閉じます。

▶ Windowsの機能の有効化または無効化

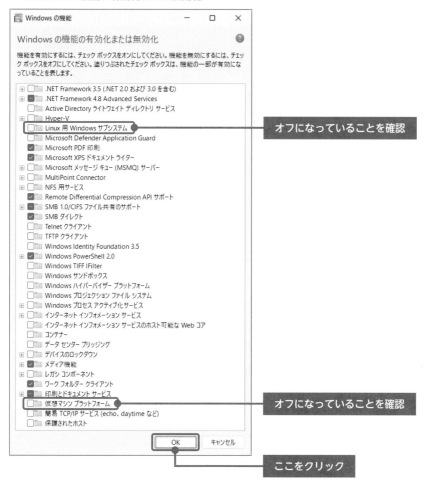

すでにチェックが入っていた場合は、WSLはインストール済みです。次の「④WSL 2のインストール」をスキップして、「⑤Dockerのインストール」に進んでください。

④ WSL 2 をインストールする

WSL 2はコマンドを使ってインストールします。［スタート］を選択後、キーボードで powershellと入力し、［管理者として実行する］をクリックします。

▶ Windows PowerShellを管理者として実行

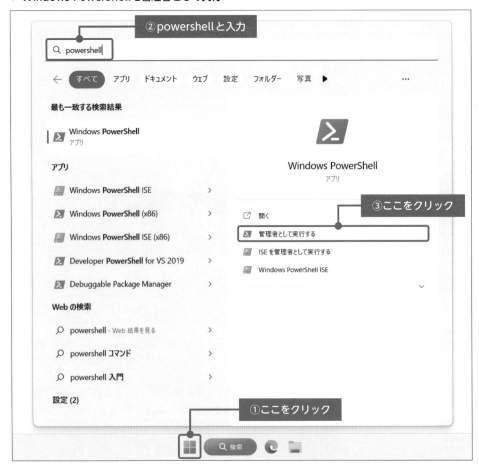

ここで「ユーザーアカウント制御」画面が表示されたら、[はい] ボタンをクリックしてください。

Windows PowerShellが開いたら、**wsl --installと入力して [Enter] キーを押す**と、WSL のインストールが始まります。

```
> wsl --install
インストール中: 仮想マシン プラットフォーム
仮想マシン プラットフォーム はインストールされました。
インストール中: Linux 用 Windows サブシステム
Linux 用 Windows サブシステム はインストールされました。
インストール中: Ubuntu
Ubuntu はインストールされました。
要求された操作は正常に終了しました。変更を有効にするには、システムを再起動する必要があります。
>
```

インストールの途中で「ユーザーアカウント制御」画面が表示されたら［はい］ボタンをクリックしてください。

インストールが完了すると、再起動を促すメッセージが表示されます。PowerShellの画面を閉じて、Windowsを再起動しましょう。

⑤ Ubuntu の初期設定をする

Windowsを再起動すると、自動的にUbuntuが起動するので、初期設定を済ませましょう。Ubuntuは、WSLと同時にインストールされるLinuxディストリビューションです。

Ubuntuが起動したら、ユーザー情報（ユーザー名とパスワード）を登録します。登録するユーザー情報は後で使いますから、忘れないように気を付けてください。

「Enter new UNIX username:」と表示されたら、ユーザー名を入力して［Enter］キーを押します。次のようなルールを守れば、ユーザー名は自由に決めることができます。Windowsのユーザー名と揃える必要はありません。

- 文字数は半角8文字以内が無難です
- 半角の英小文字、半角のアンダーバー、半角の数字を使えます
- 半角の英大文字は使えません
- 最初の文字に、半角の数字は使えません

```
Installing, this may take a few minutes...
Please create a default UNIX user account. The username does not
need to match your Windows username.
For more information visit: https://aka.ms/wslusers
Enter new UNIX username: junko    ──→ ユーザー名を入力して[Enter]キーを押す
```

次はユーザー名に対応するパスワードを登録します。**「New password」（新しいパスワード）** と表示されたら適当なパスワードを入力して、Enterキーを押します。すると **「Retype new password」**（パスワードを再入力）と表示されます。最初に入力したパスワードをもう一度入力して、Enterキーを押します。なお、入力したパスワードは、セキュリティの観点から表示されません。

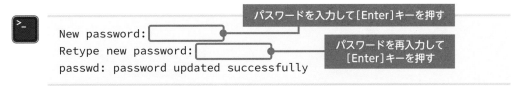

```
                                   パスワードを入力して[Enter]キーを押す
New password:
Retype new password:               パスワードを再入力して
passwd: password updated successfully    [Enter]キーを押す
```

「Installation successful!」 というメッセージが表示されたら、Ubuntuの初期設定は完了です。Ubuntuのウィンドウを閉じて、PCを再起動します。

```
Installation successful!
To run a command as administrator (user "root"), use "sudo
<command>".
See "man sudo_root" for details.

Welcome to Ubuntu 22.04.1 LTS (GNU/Linux 5.15.79.1-microsoft-
standard-WSL2 x86_64)

 * Documentation:  https://help.ubuntu.com
 * Management:     https://landscape.canonical.com
 * Support:        https://ubuntu.com/advantage

This message is shown once a day. To disable it please create the
/home/junko/.hushlogin file.
junko@ホスト名:~$
```

今後Laravelプロジェクトの作成や、Laravel Sailの起動などはUbuntu上で行っていきます。

⑥ Docker Desktop をインストールする

　WSL 2のインストールが済んだら、いよいよDockerのインストールです。Dockerの公式サイトからDocker Desktopのインストーラーをダウンロードします。

Docker のダウンロードページ
https://www.docker.com/products/docker-desktop/

▶ Docker のダウンロードページ

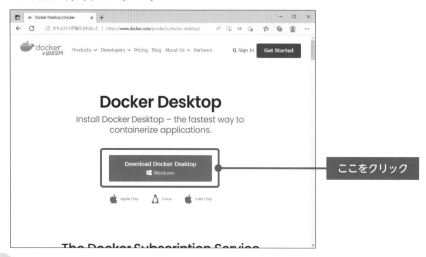

　ダウンロードしたインストーラー（Docker Desktop Installer.exe）は、通常「ダウンロード」フォルダに保存されます。Docker Desktop Installer.exeを右クリックして表示されるメニューから［管理者として実行］を選択します。ここで「ユーザーアカウント制御」画面が表示されたら、［はい］ボタンをクリックしてください。

▶ Docker Desktop Installer.exeを管理者として実行する

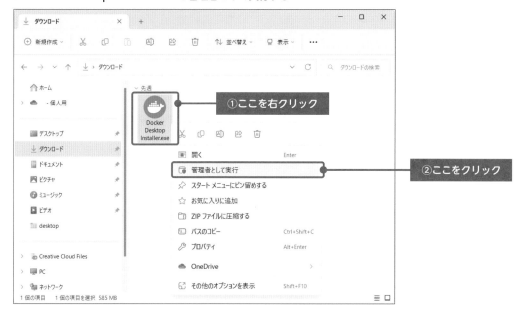

　「Configuration」（設定）と書かれた画面が表示されたら［Use WSL2 instead of Hyper-V (recommended)］（Hyper-Vの代わりにWSL 2を使う（推奨））がオンになっていることを確認して［OK］ボタンをクリックします。［Add shortcut to desktop］をオンにすると、Docker Desktopアプリのショートカットがデスクトップに追加されます。

▶［Use WSL2 instead of Hyper-V (recommended)］がオンになっていることを確認する

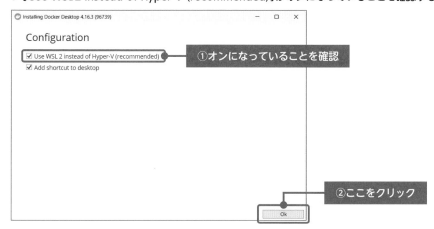

[OK］ボタンをクリックすると、インストールが始まります。しばらくすると、インストール
が完了し、Windowsを再起動するように促されます。[Close］ボタンをクリックすると、自動
的にインストーラーが終了します。Docker Desktopのインストールが済んだら、Windowsを
再起動してください。

▶[Close and restart]ボタンをクリックする

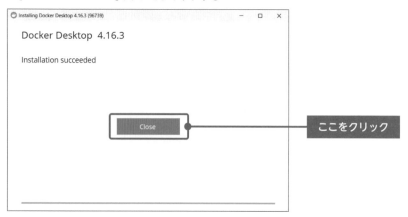

⑦ Docker Desktop を起動して初期設定する

　Windowsが再起動したら、Docker Desktopを起動します。タスクバーの [検索］をクリッ
クして「アプリ：Docker Desktop」と入力すると、すぐに見つかります。

▶Docker Desktopを起動する

　Docker Desktopの利用規約が表示されます。画面右下の［Accept］ボタンをクリックして、先に進みます。この画面は、最初にDocker Desktopを起動したときだけ表示されます。

▶ Docker Desktopの利用規約に関する画面

　Dockerのメニューが一瞬表示された後、チュートリアルを表示するかどうか尋ねられます。今回はチュートリアルをスキップしましょう（もちろん興味あれば、ご覧ください）。**[Skip tutorial]** をクリックします。

▶ [Skip tutorial]をクリック

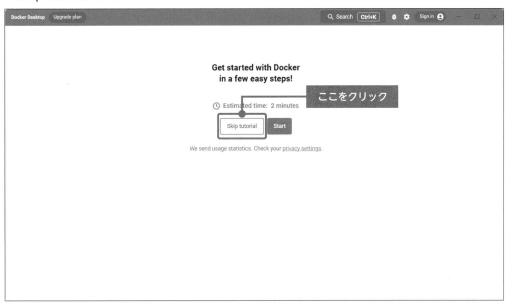

Docker DesktopのDashboard（ダッシュボード）画面が開きます。**右上の歯車ボタン**をクリックして、Settings（設定）画面に切り替えます。このときTIP OF THE WEEK画面が表示されたら、画面右上の［×］ボタンをクリックしてください。

▶ダッシュボード画面から設定画面へ切り替える

▶TIP OF THE WEEK画面を閉じる

画面左側のサイドバーから**[Resources]メニュー**を選択します。メニューが展開されるので、いちばん下の**[WSL Integration]**を選択します。

すると、画面右側の表示が切り替わるので、**Ubuntuの左横のスイッチ**をクリックしてオンにします。オンになるとスイッチが青くなります。**[Apply & restart]ボタン**をクリックしましょう。Docker Desktopが終了し、自動的に再起動します。

▶ [Resources]→[WSL Integration]の[Ubuntu]を有効化する

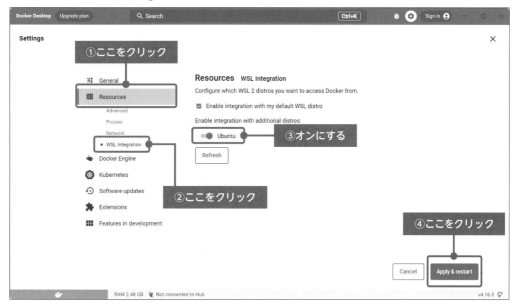

以上で、Docker DesktopのWindowsへのインストールは完了です。

次の⑧では、念のため、うまくインストールできたか確認しておきましょう。

⑧正しくインストールできたか確認する

WSLとUbuntuとDockerを正しくインストールできたかどうかを確認しておきましょう。「④
WSL 2をインストールする」を参考に、Windows PowerShellを**管理者として起動**します。

Windows PowerShellが起動したら、次のコマンドを実行します。

```
> wsl --list --verbose
```

このコマンドを実行すると、インストールされたLinuxディストリビューションの一覧が表示さ
れます。次のように**Stateの列がすべてRunning**になっており、**VERSIONの列がすべて2**と表
示されていればインストール成功です。

```
> wsl --list --verbose
  NAME                    STATE      VERSION
* docker-desktop          Running    2
  docker-desktop-data     Running    2
  Ubuntu                  Running    2
```

次は、**2-3「プロジェクトを作成しよう」**に進んでください。

もしStateの列がRunningではなくStoppedになっていたり、Versionの列が2ではなく1になっていたりしたら、次のエラー対策をご覧ください。

 エラー対策 **STATE列がStoppedになっている場合**

wsl --list --verboseを実行した結果、STATE列がStoppedになっている場合には、Ubuntuと
Docker Desktopが起動しているか、それぞれ確認してください。

```
> wsl --list --verbose
  NAME                    STATE          VERSION
* docker-desktop          Stopped        2
  docker-desktop-data     Stopped        2
  Ubuntu                  Stopped        2
```

すでにUbuntuとDocker Desktopが起動している（STATE列がRunningになっている）場合には、Docker Desktopのダッシュボード画面右上の歯車ボタンをクリックして、設定画面を開きます。設定画面左側の**[Resources] メニュー**をクリックします。展開したメニューの一番下の **[WSL Integration]** をクリックします。Ubuntuの左側のスイッチがオフ（灰色）になっていたら、クリックしてオン（青色）にし、**[Apply & restart] ボタン**をクリックして、Docker Desktopを再起動します。

▶Resources→WSL Integration 設定変更後の画面

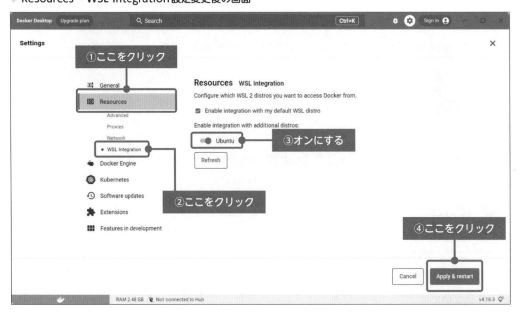

2-3-2 macOS の場合

ここでは、macOSでDocker Desktopをインストールする手順を解説します。

① macOS のバージョンとハードウェアを確認する

ハードウェアは2010年以降のモデルである必要があります。

Docker Desktopでサポートされるレース macOSは、最新のリリース（macOS 13.0 Ventura）を含めて3つのリリースまでです。できるだけ最新のリリースを使うことをおすすめします。

画面の左上にあるアップルメニューから「このMacについて」を選択すると、これらの情報を確認できます。

▶アップルメニューから「このMacについて」を選択

②ここをクリック

①ここをクリック

▶「このMacについて」画面

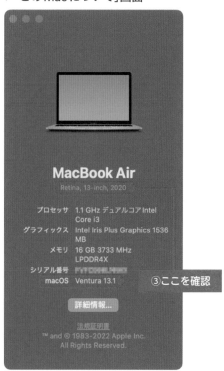

③ここを確認

　なお**Appleシリコン（M1）環境では、他の環境と比べてエラーが発生しやすい**ことを確認しています。そのためDockerやエラー対応に慣れていない場合には、Laravel Sailのご利用はおすすめしません。Laravel Sailを使えない場合は、CHAPTER 2の最後のコラムをご参照ください。

　また、**VirtualBoxバージョン4.3.3以前は、Docker Desktopと互換性がない**ため、インストールしないでください。

② Rosetta 2 をインストールする

　Appleシリコンを搭載したMacをお使いの場合は、Rosetta 2をインストールしておいた方が安心です。Rosetta 2は、Appleシリコンを搭載したMacで、Intelプロセッサ搭載Mac用に開発されたアプリを使えるようするツールです。

　Rosetta 2は、「ターミナル」アプリを使ってインストールします。「ターミナル」アプリは「LaunchPad」の「その他」から起動できます。

▶ターミナルの起動

　「ターミナル」アプリが起動したら、次のコマンドを実行します

```
junko@MacBook ~ % softwareupdate --install-rosetta
```

③ Docker Desktop をインストールする

　macOSの場合は、下記のサイトから、ご利用の環境にあったインストーラーをダウンロードしてください。**インストールに必要な要件も記載されているので、必ずご確認ください。**

Docker Desktop の Mac へのインストール
https://docs.docker.com/desktop/install/mac-install/

ダウンロードを許可するか尋ねられるので「許可」をクリックします。

▷「許可」をクリック

"www.docker.com"でのダウンロードを許可しますか?

Safari設定の"Webサイト"セクションで、ファイルをダウンロード
できるWebサイトを変更できます。

キャンセル　　許可　●──── ここをクリック

「ダウンロード」フォルダ内のDocker.dmgをダブルクリックします。

▷Docker.dmgをダブルクリック

画面内の「Docker」を「Applications」へドラッグ&ドロップします。

▷「Docker」を「Applications」へドラッグ&ドロップ

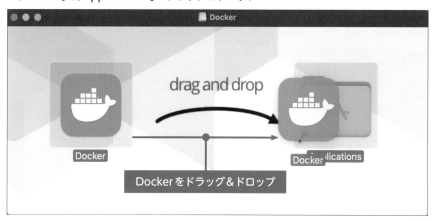

コピーの進捗状況が表示されます。

▶ コピーの進捗状況が表示される

コピーが完了したら、LaunchPadを開きDockerを起動します。

▶ LaunchPadを開きDockerを起動する

Dockerを開いてもよいか尋ねられるので「開く」ボタンをクリックします。

▶「開く」ボタンをクリックする

　インストールの完了後、利用規約に関する画面が表示されます。画面右下の［Accept］ボタンをクリックします。

▶ Dockerの利用規約に関する画面

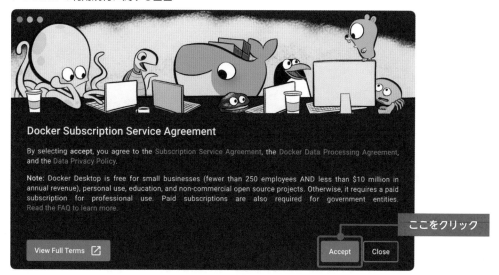

　シンボリックリンクを作成してもよいか尋ねられるので、Touch IDまたはパスワードを入力して許可します。

▶ TouchIDまたはパスワードを入力して許可する

Dockerのメニューが表示された後、下記のような画面になります。**「Start」ボタン**をクリックすると、チュートリアルが始まります。今回はチュートリアルをスキップしましょう。**「Skip tutorial」ボタン**を押します。

▶ Docker Desktop初回起動時の画面

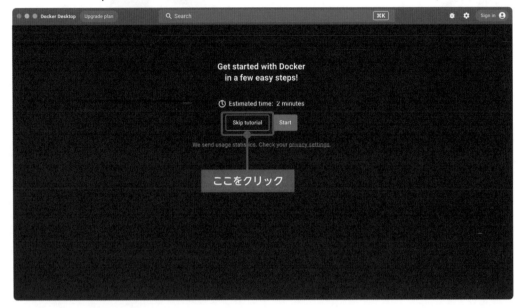

　いくつか確認画面が表示されますが、「OK」ボタンをクリックして、進めます。

　次のような画面が表示されれば、Docker Desktopの準備は完了です。

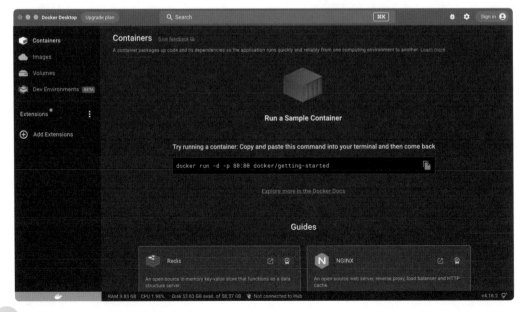

プロジェクトの新規作成

あー、もうインストールで疲れたよー。

意外にたいへんだったでしょ。

うん。
でも、これでプロジェクトを作れるんだよね？

まあ、そうだけど。ただここからは、
コマンドを使った手順が増えてくるから、
がんばってね。

コマンド苦手だけど、がんばるよ。

Docker Decktopのインストールが済んだら、Laravelのプロジェクトを作成しましょう。

2-4-1　コマンドの実行準備

Windowsの場合は「Ubuntu」を、macOSの場合は「ターミナル」をそれぞれ起動します。

Windows の場合

「Ubuntu」は、タスクバーの［検索］をクリックして「アプリ：Ubuntu」と入力すると、すぐに見つかります。

▶Ubuntu の起動

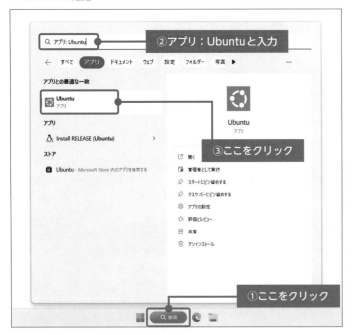

macOS の場合

「LaunchPad」の「その他」にある「ターミナル」を起動します。

▶ターミナルの起動

「ターミナル」が起動したら、実行中の**シェル（コマンドを受け付けるプログラム）**の種類を確

認します。

コマンドを受け付ける**シェルの種類が異なると、画面の表示や、設定ファイルの名前、動作などが微妙に違ってきます。**説明をかんたんにするため、本書では**bash（バッシュ）**というシェルを使った場合を説明したいと思います。

シェルの種類を確認するには、次のコマンドを実行します。

```
junko@MacBook ~ % echo $SHELL
/bin/zsh
```

LinuxやmacOSなど、Unix系のOSでは、シェルの種類が$SHELLという環境変数に保存されていて、echoコマンドでその内容を確認できます。上記のように/bin/zshと表示された場合は、シェルとして**zsh（ズィー・シェル）**が使われています。

zshが使われている場合は、次のようにchsh（change shell）コマンドを実行して、bashに変更してください。

```
junko@MacBook ~ % chsh -s /bin/bash
Changing shell for junko.
Password for junko:
```

うまく変更できたかどうかを確認するには、もう一度echo $SHELLを実行します。

```
junko@MacBook ~ $ echo $SHELL
/bin/bash
```

/bin/bashと表示されれば、正しく変更されています。

一度、「ターミナル」を終了し、再度「ターミナル」を起動すると、シェルがbashに切り替わります。

```
MacBook:~ junko$
```

Ubuntu とターミナルの表示の違い

Ubuntuまたはターミナルを開くと、コマンドの入力待ち状態となります。

たとえば、筆者の手元のWindowsでは次のように表示されます。

```
junko@ga401ih:~$
```

一方、macOSでは次のように表示されます。

```
MacBook:~ junko$
```

　表示が異なりますが、どちらも意味は同じです。ga401ih（MacBook）というパソコンを使っているユーザーjunkoさんが、ホームディレクトリ（~）で、コマンドを実行するよ」という意味になります。Ubuntuやターミナルを起動すると、自動的にホームディレクトリがカレントディレクトリ（現在作業中のディレクトリで、Windowsでいえばエクスプローラ、macOSでいえばFinderで開いているフォルダー）になります。
　以降のコマンド実行例では、カレントディレクトリ名と、区切り文字の「$」だけを示しますので、適宜読み替えてください。

2-4-2　プロジェクトの新規作成

　それでは、ホームディレクトリ（~）の中に、Laravelプロジェクトを作成してみましょう。
　Ubuntuまたはターミナルで、次のコマンドを実行します。すると、最新版のLaravelでプロジェクトが作成されます。**test-projectは、これから作成するLaravelプロジェクトの名前**です。プロジェクトの名前は自由に決めることができますが、本書ではtest-projectという名前を付けることにします。縦棒（|）は［Shift］キーを押しながら［\］キーを押すと、入力することができます。

```
~$ curl -s https://laravel.build/test-project | bash
```

ひとことアドバイス

　Windowsで、コマンドを実行し「Docker is not running.」と表示されてしまった場合は、何らかの理由でDocker Desktopの「Resources→WSL Integration設定変更後の画面」（P.46参照）の「Ubuntu」スイッチがオフになってしまっていることがあります。スイッチをオンにしたあと、Docker Desktopを再起動し、もう一度コマンドを実行してください。WSLやDocker Desktopをアップデートしたときなどに、オフになってしまうことがあるようです。
　また、コマンド実行後、反応がない場合にはCHAPTER 2の最後コラム内の※1を参照してください。

はじめてプロジェクトを作成するときは、少し時間がかかります。しばらく待つと、パスワードの入力を求められます。Windowsの場合は、「⑤Ubuntuの初期設定をする」（P.39参照）で設定したUbuntuのパスワードを入力し、[Enter] キーを押します。macOSの場合は、macOSのログインパスワードを入力してください。

```
Please provide your password so we can make some final adjustments
to your application's permissions.

[sudo] password for junko:
```
  パスワード（非表示）を入力

次のように表示されれば、プロジェクトの作成は成功です。

```
Thank you! We hope you build something incredible. Dive in with: cd
test-project && ./vendor/bin/sail up
```

以上で、Laravelプロジェクトの新規作成は終わりです。

2-4-3 Laravel のトップ画面の表示

プロジェクトの作成が済んだら、Laravelを動かしてみましょう。

カレントディレクトリ（現在位置）を変更する

ホームディレクトリの中にtest-project（プロジェクト名）というディレクトリができているはずです。
cdコマンドを実行して、test-projectに移動します。

```
~$ cd test-project
```

test-projectの中に入ると、**$の左側の表示**が次のように変わります。

```
~/test-project$
```

表示が変わったことを確認できたら、カレントディレクトリの変更は成功です。

Laravel Sail を起動する

次のコマンドを実行して、Laravel Sailを起動します。はじめて起動するときは、時間がかかります。

```
~/test-project$ ./vendor/bin/sail up
[+] Running 10/9
 :: Network test-project_sail                      Created          0.0s
 :: Volume "test-project_sail-redis"               Created          0.0s
 :: Volume "test-project_sail-meilisearch"         Created          0.0s
 :: Volume "test-project_sail-mysql"               Created          0.0s
 :: Container test-project-mailhog-1               Created          0.1s
 :: Container test-project-mysql-1                 Created          0.1s
 :: Container test-project-selenium-1              Created          0.1s
 :: Container test-project-redis-1                 Created          0.1s
 :: Container test-project-meilisearch-1           Created          0.1s
 :: Container test-project-laravel.test-1          Created          0.0s
  : 以降省略
```

表示が止まったら、準備完了です。

コマンド実行後、エラーになった場合はCHAPTER 2末尾のコラム内の※2を参照してください。

Laravel のトップ画面を表示する

Laravel Sailの起動に成功したら、基本となるWebアプリケーションが動いているはずです。Webブラウザを起動して確かめてみましょう。

「Ubuntu」または「ターミナル」を開いたまま、Webブラウザを起動して、次のURLを開いてみましょう。

ローカルホスト（手元のパソコン）へのアクセス
http://localhost/

次のような、Laravelのトップ画面が表示されれば成功です。Laravelのトップ画面が開くことを確認できたらWebブラウザを閉じます。

▶ Laravelのトップ画面

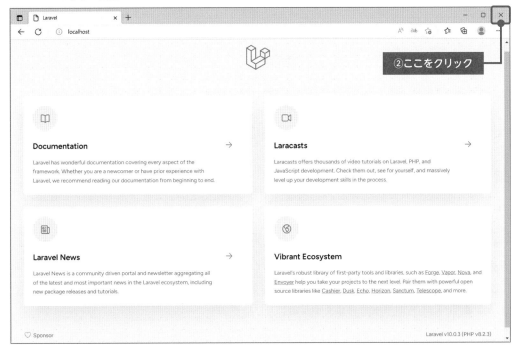

Laravel Sail を停止する

Ubuntuまたはターミナルを選択し、コントロールキーを押しながら［C］キーを押します。

```
^CGracefully stopping... (press Ctrl+C again to force)
Aborting on container exit...
[+] Running 6/6
 ⠿ Container test-project-laravel.test-1   Stopped          0.9s
 ⠿ Container test-project-mysql-1          Stopped          1.8s
 ⠿ Container test-project-meilisearch-1    Stopped          0.8s
 ⠿ Container test-project-mailhog-1        Stopped          0.7s
 ⠿ Container test-project-redis-1          Stopped          0.7s
 ⠿ Container test-project-selenium-1       Stopped          3.8s
canceled

~/test-project$
```

すると、Laravel Sailが停止して、もう一度コマンドを入力できるようになります。

2-4-4　コマンドを使った Laravel Sail の起動と停止

Laravel Sail をバックグラウンド起動する

先ほどはLaravel Sailを起動するために、sail upというコマンドを入力しました。

ただ、sail up実行後は他のコマンドを入力できなくなってしまいます。引き続きコマンドを入力したいときは、次のように**コマンドの最後に-dを添えます。**

```
~test-project$ ./vendor/bin/sail up -d
```

Laravel Sail を停止する

先ほどはコントロールキーを押しながら［C］キーを押して、Laravel Sailを停止しました。**sail up -dコマンドを実行してLaravel Sailを起動した場合には、sail stopコマンドを実行することで、Laravel Sailを停止することができます。**

```
~test-project $ ./vendor/bin/sail stop
```

2-4-5　Docker Desktop の自動起動の停止

Docker Desktopは、OSの起動時に自動的に起動するよう設定されます。

この設定を変更するには、Docker Desktopの［設定］画面を開き、［General］メニューで**[Start Docker Desktop when you log in]** をオフにします。変更が済んだら［Apply & restart］ボタンをクリックして変更を反映しておきます。

▶ Docker起動の設定変更画面

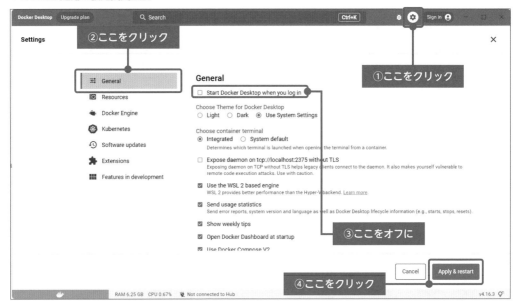

　ここから先は、Laravel Sailを起動して作業を進めていきます。**最初にDocker Desktopと Laravel Sailを起動しておくようにしてください。**

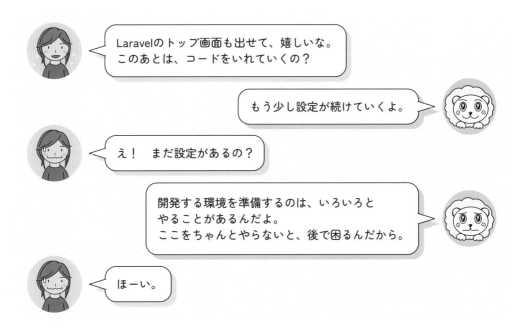

　この後は、プロジェクトの編集に役立つテキストエディタの設定を行います。快適に開発を進めていくために、あともう少し、必要な設定を進めておきましょう。

Visual Studio Codeの準備

Laravel プロジェクトを編集するために、
Visual Studio Code を入れておこう。

うん。インストールするだけでいいの？

Laravel 用に入れておいてほしい
拡張機能もあるよ。説明していくね。

ほーい。

本書では、Laravelのプロジェクトを編集するために、**Visual Studio Code（VS Code）**を使用します。VS Codeは、マイクロソフト社が開発している無料のコードエディターです。拡張機能を追加することで、Webアプリケーションを効率よく開発できるようになります。

　特別なこだわりがなければ、ぜひVS Codeを入れてみてください。

2-5-1　VS Code のインストール

VS Codeは次のURLからダウンロードできます。

 Visual Studio Code のダウンロードページ
https://code.visualstudio.com/

▶ Visual Studio Codeダウンロードページ

Windows の場合

ダウンロードしたセットアップウィザードプログラムを開きます。

▶ ダウンロードしたセットアッププログラムを開く

使用許諾契約書への同意が求められます。[同意する]をオンにした後、[次へ]をクリックします。

使用許諾契約書への同意

インストール先を指定します。変更したい場合は［参照］ボタンをクリックして変更してください。ここでは変更せずに［次へ］ボタンをクリックします。

▶インストール先の指定

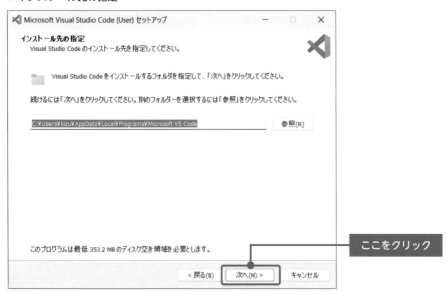

スタートメニューフォルダーの指定を行います。画面左下の［スタートメニューフォルダーを作成しない］をオンにすると、スタートメニューにショートカットが登録されなくなります。こ

こでは設定を変更せずに［次へ］ボタンをクリックします。

▶スタートメニューフォルダーの指定

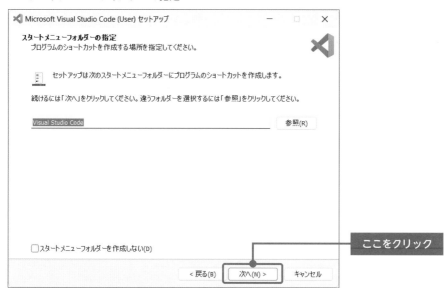

インストール時に追加で実行するタスクを選択します。［その他］のタスクをすべてオンにして、［次へ］ボタンをクリックします。

▶追加タスクの選択

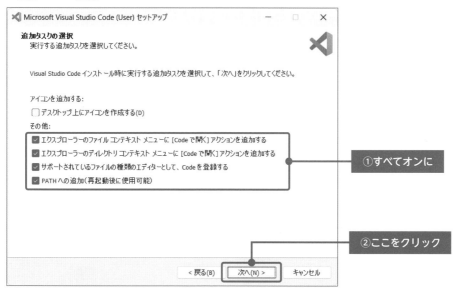

選択した設定が表示されます。問題がなければ［インストール］ボタンをクリックすると、インストールが始まります。

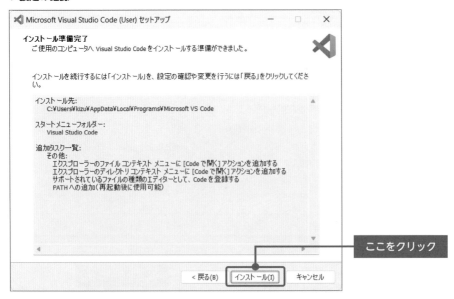

インストールが完了すると、次の画面が表示されます。[Visual Studio Codeを実行する]がオンになっていることを確認して、[完了]ボタンをクリックします。

▶セットアップウィザードの完了

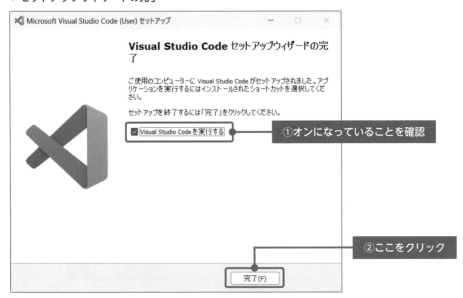

Visual Studio Codeが起動したら、Laravelプロジェクトの編集に役立つ拡張機能をインストールしましょう。

macOS の場合

　macOSの場合は、ダウンロードしたVisual Studio Code.appをApplications（アプリケーション）フォルダへドラッグ＆ドロップします。

▶ Visual Studio Code.appをApplications（アプリケーション）フォルダへドラッグ＆ドロップ

　初回起動時には「Welcome」タブが表示されますが、閉じてしまって構いません。

▶ 初回起動時の「Welcome」タブ

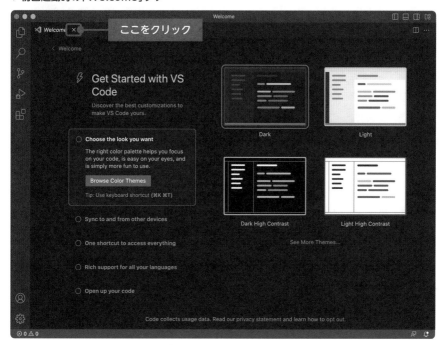

2-5-2 おすすめの拡張機能

続いて、VS Codeの入れておいたほうが良い**拡張機能**をいくつか紹介します。

Japanese Language Pack

デフォルトでは、ユーザーインターフェースは英語となっています。日本語にしたい場合には、Japanese Language Packを入れておきましょう。

拡張機能を追加するには、VS Codeの左側のボタンをクリックします（①）。検索ボックスにて、追加する拡張機能の名前を入力します（②）。表示された候補の中から、インストールしたい拡張機能を選びます（③）。右側に拡張機能について説明が表示されます。インストール前であれば、**【Install】ボタン**が表示されるので、ボタンをクリックします（④）。インストール後は、同じ場所に**【アンインストール】ボタン**が表示されます。

▶ Japanese Language Pack

変更を反映するにはVS Codeの再起動が必要です。画面右下に表示されるメッセージが表示されるので、**【Restart】ボタン**をクリックします。

▶ VS Codeを再起動する

VS Codeが再起動すると、メニューなどが日本語で表示されます。

Remote Development（Windows 環境のみ）

Windows環境の場合には、**Remote Development**を入れておきましょう。Remote Developmentを使うことで、WSLのリモート環境へ接続した状態でLaravelのプロジェクトを編集できるようになります。**Laravelの公式マニュアルでもRemote Developmentの利用が推奨されています。**

Remote Developmentの使い方は、このあと、2-5-3「エイリアスの設定」（P.71）で紹介します。

▶ Remote Development

Tailwind CSS IntelliSense

　Tailwind CSSを使う際には、拡張機能**【Tailwind CSS IntelliSense】**をインストールすると便利です。Tailwind CSSのクラス名を入れると、Tailwind CSSのクラス名の候補を表示してくれます。

▶ Tailwind CSS IntelliSense

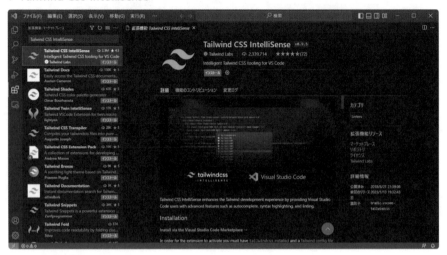

Laravel Blade Snippets

　拡張機能**【Laravel Blade Snippets】**を使うと、blade.phpファイル上のコードの入力がラクになります。

▶ Laravel Blade Snippets

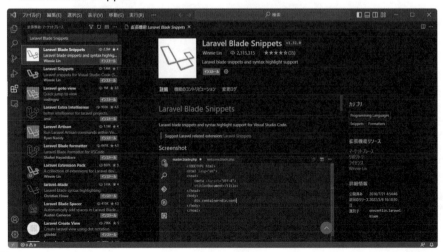

Laravelに関連する拡張機能は他にもありますから、いろいろ試してみてください。

拡張機能は、もし気に入らなければアンインストールできるから、気軽に試してみて。

ほーい♪

2-5-3 エイリアスの設定

エイリアス設定の目的

2-4-3「Laravelトップ画面の表示」では、Laravel Sailを起動する際、次のコマンドを実行しました。

```
~/test-project$ ./vendor/bin/sail up -d
```

ただ、起動のたびに、この長いコマンドを入力するのは面倒です。そこで、次のように入力すれば済むように設定を変更します。

```
~/test-project$ sail up -d
```

まずはプロジェクトのある場所で下記コマンドを実行して、sailを止めておきましょう。

```
~test-project $ ./vendor/bin/sail stop
```

Windows の場合

　Windowsの場合は、VS CodeのRemote Development拡張機能を使い、WSL内の**ホームディレクトリにある.bashrcファイル**を編集します。

　VS Codeを起動して、**VS Codeの画面左下の［リモートウィンドウを開きます］ボタン（緑色の部分）をクリック**します。すると、VS Codeの画面上部に［リモートウィンドウを開くオプションを選択します］というメニューが表示されるので**［WSLでフォルダーを開く］**を選択します。

▶ WSLでフォルダーを開く

　すると、［フォルダーの選択］ダイアログが表示されます。ダイアログ左側のツリービューで**Linux→Ubuntu→homeの順で展開し、［ユーザー名］フォルダーを選択**します。ユーザー名（次の図の青枠部分）は、2-3-1の「⑤Ubuntuの初期設定をする」で設定したユーザー名です。ダイアログ右側の領域に**test-projectフォルダー**が表示されています。これが2-4-2「プロジェクトの作成」で作成したプロジェクトです。確認したら［フォルダーの選択］ボタンをクリックします。

▶フォルダーの選択ダイアログ

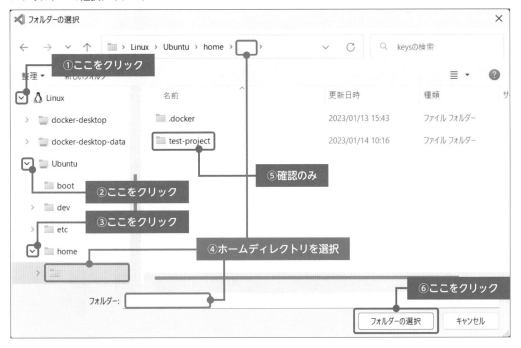

Linuxディレクトリが表示されない場合には、パスを「¥¥wsl$¥Ubuntu¥home」と指定してください。ホームディレクトリが表示されるので、そちらを選択します。

選択したフォルダーをはじめて開くときは、フォルダーの作成者を信頼するかどうかを尋ねられます。[はい、作成者を信頼します] ボタンをクリックします。

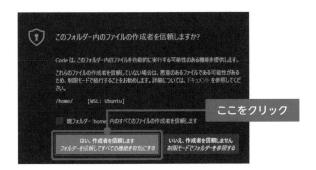

すると、選択したフォルダーが開きます。ここがWindowsから見た、WSL内のホームディレクトリです。ツリービューから.bashrcファイルを探して、ダブルクリックします。画面の右側に.bashrcの内容が表示されるので、ファイルの最後に、次の行を追加します。

```
alias sail="./vendor/bin/sail"
```

▶ .bashrcに設定を追加

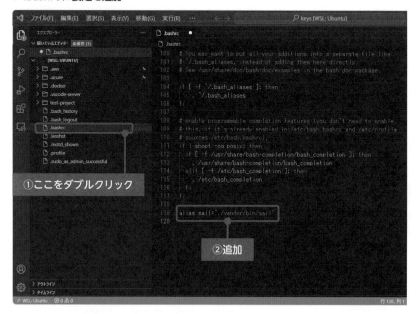

追加したらコントロールキーを押しながら［S］キーを押して保存します。

設定の変更をすぐに反映させるため、Ubuntuでコマンドを実行したいのですが、Ubuntuの画面に切り替えるのは面倒です。そこで、VS Codeのメニューバーから［表示］→［ターミナル］と選択してください。

▶［表示］→［ターミナル］と選択

すると画面下部に**「ターミナル」パネル**が表示されます。Ubuntuを起動しなくても、このパネルでUbuntuのコマンドを実行できます。次のコマンドを実行してください。

```
~$ source ~/.bashrc
```

コマンドを実行しても特に反応はありませんが、次のコマンドを実行すると、正しく設定されているかどうかを確認できます。

```
~$ alias sail
alias sail='./vendor/bin/sail'
```

以降は、sailと実行すれば、./vendor/bin/sailが実行されるようになります。ターミナルを起動時に~/.bashrcは自動で実行されるため、新しくターミナルを開いたときは、source ~/.bashrcをする必要はありません。

WSLへの接続を終了したい時は、VS Codeのメニューバーから［ファイル］→［リモート接続を閉じる］を選択します。

▶［ファイル］→［リモート接続を閉じる］を選択

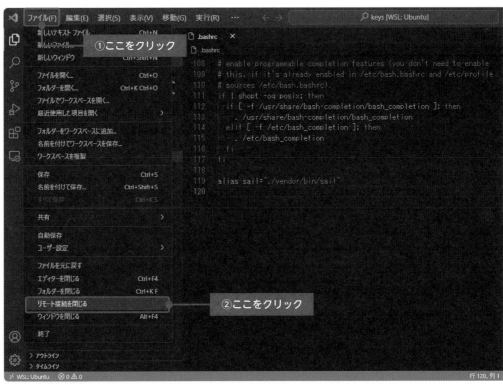

macOS の場合

macOSの場合は、ユーザーのホームディレクトリに.bashrcファイルを作成します。

VS Codeを起動して、画面左上の「エクスプローラー」アイコンをクリックし、「フォルダーを開く」ボタンをクリックします。

▶フォルダーを開く

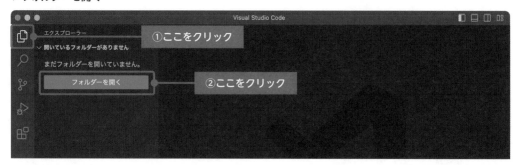

表示されたダイアログで、ユーザーのホームディレクトリを選択し、「開く」ボタンをクリックします。

▶ユーザーのホームディレクトリを開く

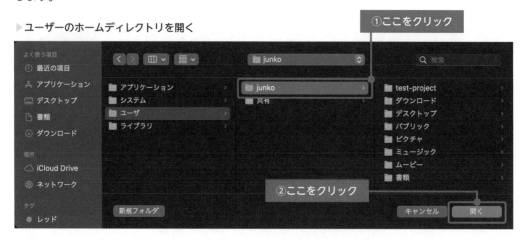

アクセスの許可を求めるメッセージがいくつか表示されますが、いずれも「OK」ボタンをクリックして先に進みます。

▶「OK」ボタンをクリックして先に進む

　フォルダーの作成者を信頼するかどうか尋ねられます。「はい、作成者を信頼します」ボタンを
クリックします。

▶「はい、作成者を信頼します」ボタンをクリックする

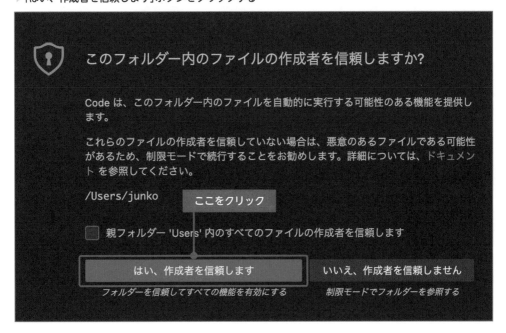

ホームディレクトリが表示されたら、「新しいファイル」ボタンをクリックします。

▶「新しいファイル」ボタンをクリック

ファイル名を入力できるようになるので、「.bashrc」と入力し、returnキーを押します。
画面右側に空の.bashrcが開いたら、次のように入力します。

```
alias sail="./vendor/bin/sail"
```

入力が済んだら、commandキーを押しながらSキーを押して保存します。

▶.bashrcファイルを作成して編集する

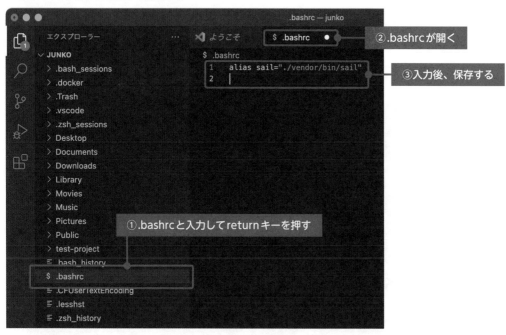

画面右上の「パネルの切り替え」ボタンを押すと、「ターミナル」パネルが開きます。

▶「ターミナル」パネル

「ターミナル」パネルで次のコマンドを実行して、変更を反映させます。

```
~$ source ~/.bashrc
```

コマンドを実行しても特に反応はありませんが、次のコマンドを実行すると、正しく設定されているかどうかを確認できます。

```
~$ alias sail
alias sail='./vendor/bin/sail'
```

以降は、test-projectディレクトリへ移動し、sailと入れれば、./vendor/bin/sailが実行されるようになります。ターミナルを起動時に.bashrcは自動で実行されるため、新しくターミナルを開いたときは、source ~/.bashrcを実行する必要はありません。

さて、次にデータベースの設定を進めていこう。
Laravel Sail には、MySQL が最初から入っているんだ。
だから、データベースが最初から使える。

えっと、それじゃ、何もしなくていいんじゃないの？

うん。ただ MySQL だと管理が大変なんだ。
SQL 文で記述しなきゃいけないし。
ブラウザ上で視覚的にデータベースを操作できるように、
phpMyAdmin を使えるようにしておこう。

ふぅん？　なんかよく分からないけど。

簡単に言うと、ブログを書く時にブログサービスに
ついているエディタを使うと、HTML とか
分からなくても、ブログ記事が書けちゃうでしょ？
それと同じ。phpMyAdmin を使えば、MySQL が
分からなくても、データベースを管理できるんだ。

なるほど！　それは便利だね。
早く phpMyAdmin 入れよう。

　　Laravel Sailにはデフォルトで**MySQL**が入っているので、最初からデータベースを使うことができます。MySQLは、世界で最もよく使われているデータベース管理システムです。ただLaravelで使っているMySQLのデータベースにどんなデータが入っているのかを見たり、データベースのデータを消したりといった操作を行うには、SQL文でプログラムを書く必要があり、専門的な知識が必要となります。
　　phpMyAdminというツールを使えば、専門的な知識がなくとも、**Webブラウザ上で視覚的にデータベースを管理**できます。Laravel SailでphpMyAdminを使えるようにするための手順を解説します。

2-6-1 Laravel Sail を停止する

VS Codeを起動し、test-projectフォルダーを開きます。開き方は2-5-3「VS Codeの練習─コマンド入力を楽にする」を参照してください。

設定を始める前に、Laravel Sailが起動している場合は、停止しておきましょう。「ターミナル」パネルを開いて、sail stopコマンドを実行します。

```
~/test-project$ sail stop
```

2-6-2 docker-compose.yml を編集する

続いて、test-projectの中にある**docker-compose.ymlファイル**を編集します。**docker-compose.ymlは、Dockerコンテナの構成を定義するファイル**です。このファイルphpMyAdminの構成を書き加えることで、コンテナにphpMyAdminを追加することができます。

えっと、どういうことかよくわからないけど。

Laravelのプロジェクトを動かすには、MySQLとか、PHPとか色々なものが必要なんだ。Dockerは、こういったひとつひとつのシステムごとに仮想的なコンピュータを作って、そのうえでシステムを動かしている。この仮想的なコンピュータのことをコンテナって呼ぶんだ。

えっと、分かるような、分からないような。つまりコンテナって、Laravelプロジェクトを動かすための道具ってことだね。

まあ、そうかな。そしてdocker-compose.ymlファイルには、道具、つまり各コンテナに関する情報が入っている。今から、ここにphpMyAdminっていう新しい道具について記述しておこう。

了解！
なんだかスッキリしてきた。

VS Codeでdocker-compose.ymlをダブルクリックして開き、service 項目の中のMySQLについての設定の下に次の内容を追加し、保存します。**コードを入力する位置やインデント（行の最初の文字の位置）が違っていたり、スペルミスがあるとエラーになるので、注意してください。**

docker-compose.ymlに追加する設定

```yaml
phpmyadmin:
    image: phpmyadmin/phpmyadmin
    links:
        - mysql:mysql
    ports:
        - 8080:80
    environment:
        MYSQL_USERNAME: '${DB_USERNAME}'
        MYSQL_ROOT_PASSWORD: '${DB_PASSWORD}'
        PMA_HOST: mysql
    networks:
        - sail
```

▶コードを追加した後のdocker-compose.ymlファイル

2-6-3　Laravel Sail を起動する

VS Codeの「ターミナル」パネルで、Laravel Sailを起動します。

```
~/test-project $ sail up -d

 : 中略

[+] Running 7/7
 ⋕ Container test-project-meilisearch-1    Started    2.6s
 ⋕ Container test-project-mysql-1          Started    2.6s
 ⋕ Container test-project-redis-1          Started    2.6s
 ⋕ Container test-project-mailhog-1        Started    2.5s
 ⋕ Container test-project-selenium-1       Started    2.0s
 ⋕ Container test-project-phpmyadmin-1     Started    4.5s
 ⋕ Container test-project-laravel.test-1   Started    4.2s
~/test-project$
```

2-6-4　phpMyAdmin へログインする

Webブラウザを開いて、URLに下記を入れます。

ローカルホストの 8080 番ポートへのアクセス
http://localhost:8080/

　すると、phpMyAdminのログイン画面が表示されます。［ユーザ名］と［パスワード］に、次表のように入力し、［ログイン］ボタンをクリックしてください。ユーザー名やパスワードの前後に不要なスペースが入らないようにしましょう。

ユーザ名	パスワード
sail	password

▶ phpMyAdminのログイン画面

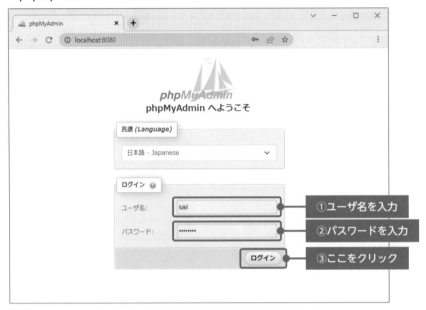

phpMyAdminにログインすると、test_projectという名前のデータベースが作成されているのが分かります。

▶ phpMyAdmin ログイン後の画面

　なお**phpMyAdminのユーザー名とパスワードは、プロジェクト内の.envファイルの中で設定されています。**.envファイルはLaravelに関係する環境変数を保存するファイルです。データベース以外にも、Webアプリの名前やメールサーバーの設定などが保存されています。

　少し.envファイルの中身を確認してみましょう。VS Codeで.envファイルを開き、DB_XXXXと書かれた部分を見てみます。

▶ .envファイル

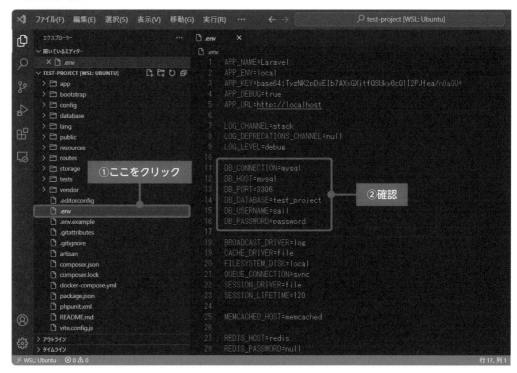

　DB_USERNAMEにsail、DB_PASSWORDにpasswordが 設 定 さ れ て い ま す。こ れらがphpMyAdminへログインするときに使ったユーザ名とパスワードです。また、**DB_DATABASE**はログイン後に見たデータベース名です。とりあえず変更はせず、このままの設定で使っていきましょう。

　.envファイルについては2-9-1「開発環境と本番環境で設定を切り替える」も参照してください。

さて、これで無事phpMyAdminが使えるようになったね。

phpMyAdminって、便利だね。
ブラウザをクリックして操作できる♪

あ、でも、データベース上で直接カラムを増やしたり、
データベーステーブルの構造を変えたりするのはやめてね！
まさか、もう変えたりはしてないよね？

（ドキ。変更しようと思ってた。）
何もしてないよ。
でも直接変えちゃだめなら、どうやってデータベースを操作するの？

Laravelのプロジェクトを通じて変更していくよ。
そのあたりは後で説明するね。

ユーザー登録・ログイン機能の搭載

次はユーザー認証機能を付けてみよう。
ユーザー登録画面やログイン画面を作っていくよ。

本格的な Web アプリに一歩近づけそうで、いいね♪
でも、ちょっと難しそう。

大丈夫。
Laravel には、インストールするだけで、かんたんに
認証機能を追加できるパッケージがあるんだ。

へぇ。Laravel って、すごいね！

Laravelでは、ユーザー認証機能を追加するためのパッケージがいくつかあります。まずは、どんなライブラリがあるのか、見ていきましょう。

2-7-1 ユーザー認証パッケージの比較

主なユーザー認証パッケージを次表にまとめます。

▶ Laravelのユーザー認証パッケージ比較表

パッケージ	CSS フレームワーク	難易度	機能	備考
Laravel/ui	Bootstrap Vue.js React	易	やや少	フロントエンドは Bootstrap、Vue.js、React から選択可能
Jetstream	Tailwind	難	多	機能は充実しているが、難易度が高い。二段階認証可能。 Livewire 版と Inertia 版がある。
Breeze	Tailwind	易	やや少	Jetstream の簡易版のような位置付け。最も手軽に使える。
Fortify	なし	難	やや多	バックエンドのみ。 Jetstream にも使われている。

※上記の他にLaravel Sanctum等がありますが、用途が限定されているため省略しました。

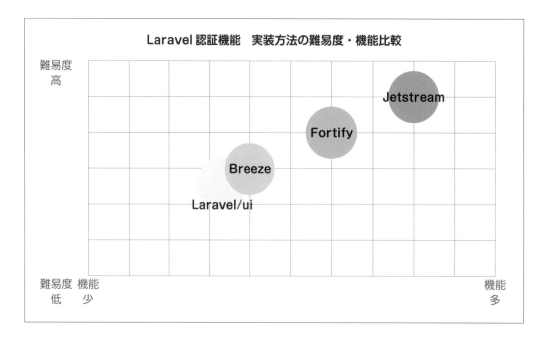

以前は、Laravel/uiが広く使われていました。

　Laravel 8がリリースされたときに、Jetstreamが登場しました。Jetstreamは二段階認証機能が搭載されており、高いセキュリティを実現できます。また、ユーザーをチームという単位で管理したり、ユーザーの役割を設定したりすることができるなど、機能が充実しています。反面、デフォルトの機能を変更するのが面倒であったりします。筆者もJetstreamを使ってみましたが「すごい！」と感じる一方、「そこまで機能を付けなくても…」と感じました。

　筆者と同じように感じたユーザーの声を反映するかのように登場したのがBreezeです。**Breezeは機能的にはLaravel/uiに近く、手軽に使えるのが魅力**です。BreezeのCSSフレームワークにはJetstreamと同じ「Tailwind CSS」が採用されています。ビュー部分のテンプレートの構造もJetstreamと同じ、Component（コンポーネント）が使われています。

「こんぽーねんと」って何？

あとで解説するよ。
ここではJetstreamとBreezeの構造は似ているけど、
Breezeのほうが手軽だっていう点をおさえておいて。

なるほど。あ、そういえばもうひとつ
Fortifyっていうのが表にあるけど、これは何？

これは、あまり使わないと思うよ。

　Fortifyは少し特殊です。バックエンド部分のみのパッケージで、ユーザー登録画面やログイン画面などが付いていません。「自分でフロント部分を構築したい」といった場合に使うパッケージです。なお、Jetstreamではバックエンド部分にFortifyを採用しています。

　現在、**一番使いやすく、汎用的なユーザー認証パッケージは、Laravel Breeze**といえるでしょう。以降では、Laravel Breezeを使って、ユーザー認証機能を追加する手順を紹介します。

2-7-2　Laravel Breeze のインストール

さて、それじゃ Laravel Breezeをインストールしていこう。

ユーザー登録や、ログインができるように
なるんだね。わくわく♪

実装する画面を確認する

　以降の通り、Laravel Breezeをインストールすると、次のようなユーザー登録画面や、ログイン機能を実装することができます。最初にこんなものが作れるんだとイメージしながら挑戦してみてください。

▶ **実装するユーザー登録画面**

Name
test

Email
junko@test

Password
●●●●●●●●

Confirm Password
●●●●●●●●

Already registered? **REGISTER**

VS Code でプロジェクトを開く

VS Codeを起動し、test-projectフォルダーを開きます。開き方は2-5-3「エイリアスの設定」を参照してください。

インストールコマンドを実行する

「ターミナル」パネルを開き、composerを使ってlaravel/breezeパッケージを追加します。

```
~/test-project$ sail composer require laravel/breeze --dev

    : 中略

80 packages you are using are looking for funding.
Use the `composer fund` command to find out more!
> @php artisan vendor:publish --tag=laravel-assets --ansi --force

    INFO  No publishable resources for tag [laravel-assets].
```

```
No security vulnerability advisories found
Using version ^1.17 for laravel/breeze
~/test-project$
```

　コマンドを入力できるようになったら、breezeをインストールします。次のようにコマンドを実行します。

```
~/test-project$ sail artisan breeze:install
```

　コマンド実行後、下記の質問が表示されます。

```
Which stack would you like to install?
blade ............................................... 0
react ............................................... 1
vue ................................................. 2
api ................................................. 3
> 0
```

　「blade、react、vue、apiのうち、どのスタックを使って開発を進めるか」を選びます。ここでは「blade」を選択します。0と入力しておきましょう。すると次に、下記の質問が表示されます。

```
Would you like to install dark mode support? (yes/no)
> no
```

　「ダークモードをサポートするか」という質問です。今回は使用しないので、noと入力します。するとさらに、下記の質問が表示されます。

```
Would you prefer Pest tests instead of PHPUnit? (yes/no)
> no
```

　「PHPUnitの代わりにPestをテストフレームワークとして使うか」という質問です。noと入力します。
　最後にBreeze scaffolding installed successfully.というメッセージが表示されればインストールは完了です。

マイグレートでデータベースにテーブルを作成する

インストールが済んだら、migrateコマンドを実行します。これによって、プロジェクト内のマイグレーションファイルの内容をデータベースに反映させることができます。マイグレーションについては、P.172以降で説明します。

```
~/test-project$ sail artisan migrate

   INFO  Preparing database.

   Creating migration table .............................. 29ms DONE

   INFO  Running migrations.

   2014_10_12_000000_create_users_table ................... 58ms DONE
   2014_10_12_100000_create_password_resets_tokens_table .... 44ms DONE
   2019_08_19_000000_create_failed_jobs_table .............. 58ms DONE
   2019_12_14_000001_create_personal_access_tokens_table .... 69ms DONE

~/test-project$
```

データベースがマイグレートされ、ユーザー認証に必要な4つのテーブルが自動的に作成されます。

ユーザー登録・ログインページを確認する

再び次のURLをWebブラウザのアドレス欄に入れて確認してみましょう。

ローカルホストへのアクセス
http://localhost/

Laravelのトップ画面が表示されます。少々分かりづらいですが、トップ画面の右上に **[Login]** リンクと **[Register]** リンクが追加されています。

▶ Laravel Breeze インストール後のLaravelトップ画面

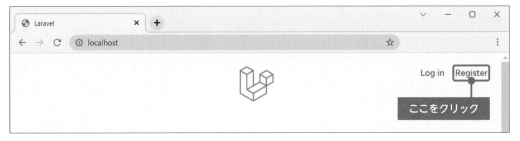

[Register] リンクをクリックすると、ユーザー登録画面が表示されます。試しに、ユーザー登録をしてみましょう。Nameにはユーザー名、Emailにはメールアドレス、PasswordとConfirm Passwordには同じパスワードを入力します。入力する情報は適当で構いません。

▶ Laravel Breeze ユーザー登録画面への入力例

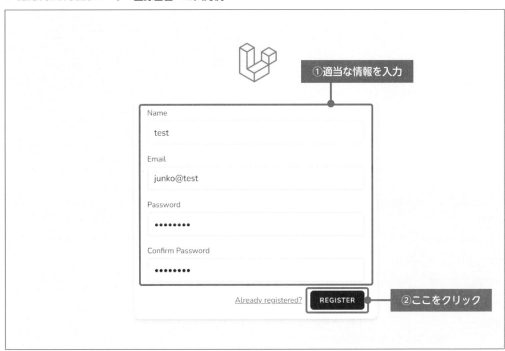

ユーザー情報を入力した後に[REGISTER]ボタンを押すと、ダッシュボード画面が表示されます。

▶ REGISTERボタンを押した後のダッシュボード画面

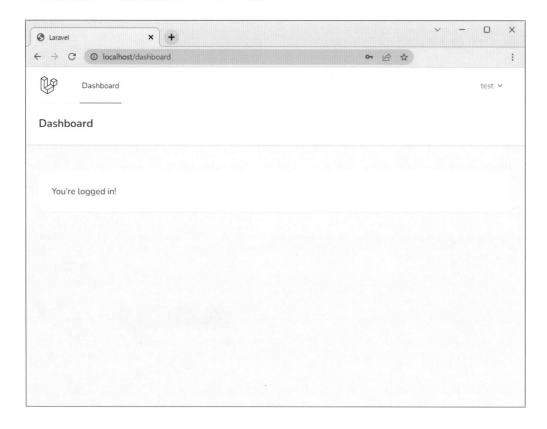

データベースに保存したユーザー情報を確認する

　phpMyAdminにログインし、いま入力したユーザー情報が登録されているか確認してみましょう。再び次のURLをWebブラウザのアドレス欄に入れて、画面を確認してみましょう。ログイン情報は2-6-4「phpMyAdminへログインする」を参照してください。

 ローカルホストの 8080 番ポートへのアクセス
http://localhost:8080/

　左側のメニューでtest-projectをクリックして展開し、usersテーブルをクリックします。すると、画面右側にusersテーブルへ保存されたデータが表示されます。登録したユーザー情報を確認できます。

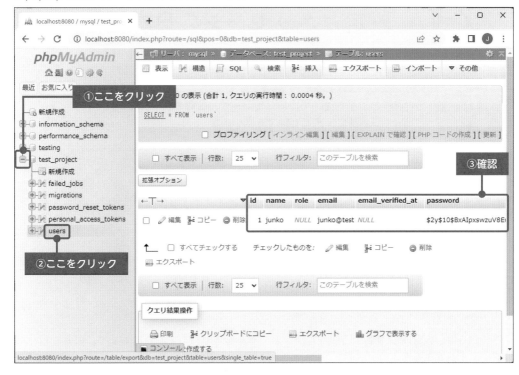

▶ phpMyAdminのプロジェクトのusersテーブル

すごい!! ちゃんとユーザー登録されてる。

でしょ。
ログアウトしたり、ログインしなおしたり、
いろいろテストしてみてね。

うん!
いや～、実際に動かせると、達成感があるね。

設定とメッセージの日本語化

 ところで、2-7で追加したユーザー登録の画面なんだけど、
日本語にすることはできないの？
英語のままだと分かりづらいな。

もちろんできるよ。
ついでに、プロジェクトの初期設定も
済ませてしまおう。

 うん！

　ここからは、Webアプリ名や時間や言語などの基本設定を行っておきましょう。設定を行うファイルと変更方法を説明していきます。

2-8-1　ロケールとタイムゾーンの設定

　開発するWebアプリケーションの**タイムゾーン**や**表示に使用する言語（ロケール）**を設定します。タイムゾーンを正しく設定せずに運用すると、Webアプリケーションが扱う日時がおかしくなってしまいます。

　プロジェクトの設定ファイルは、test-project/configディレクトリの中に入っています。タイムゾーンやロケールの設定情報は、config/app.phpファイルの中に保存されています。

- **タイムゾーンを変更するには、'timezone'（72行目あたり）を変更します。デフォルトは'UTC'ですが、'Asia/Tokyo'に変更します。**
- **使用言語を変更するには、'locale'（85行目あたり）を変更します。デフォルトは'en'（英語）ですが、'ja'に変更します。**

　なお、**'fallback_locale'**は、設定したロケールが使えなかった場合、代わりに使用される言語を設定します。こちらはデフォルトの英語（en）のままで良いでしょう。

　また、**'faker_locale'**は、テスト用のフェイク（ダミー）データを作る時の言語を指定します。ここは、'ja_JP'としておくと、日本語のダミーデータが作られます。

config/app.phpファイル

```php
/*
|--------------------------------------------------------------------
| Application Timezone
|--------------------------------------------------------------------
|
| 中略
|
*/

'timezone' => 'Asia/Tokyo',

/*
|--------------------------------------------------------------------
| Application Locale Configuration
|--------------------------------------------------------------------
|
| 中略
|
*/

'locale' => 'ja',

/*
|--------------------------------------------------------------------
| Application Fallback Locale
|--------------------------------------------------------------------
|
| 中略
|
*/

'fallback_locale' => 'en',

/*
|--------------------------------------------------------------------
| Faker Locale
|--------------------------------------------------------------------
|
| 中略
|
*/

'faker_locale' => 'ja_JP',
```

2-8-2　日本語データの追加

　先ほどconfig/app.phpファイルで言語の設定を変えました。しかし、それだけではメニューやメッセージは日本語になりません。**メニューやメッセージの日本語翻訳ファイルを用意して、適切な場所に配置する必要があります。**

翻訳ファイルの配置場所

　翻訳ファイルの置き場所は、**プロジェクト直下のlangの中**です。Laravel 10では、このlangディレクトリはプロジェクト内にありません。下記のコマンドを実行して、langを作成する必要があります。

```
~/test-project$ sail artisan lang:publish
```

コマンド実行後、langディレクトリを開きます。すると、lang/enの中に、4つのファイルが入っています。4つのファイルと、使用される場面は下記の表のとおりです。

▶lang/enの中の4つのファイルと使用する場面

ファイル名	使用する場面
auth.php	認証用
pagination.php	ページネーション用
passwords.php	パスワード用
validation.php	バリデーション用

　langの中に、この4つのファイルの日本語版を入れたjaフォルダーを作っていきましょう。さらに、langの中に基本メニューの日本語翻訳を入れたja.jsonファイルも作成します。次図の赤色部分を作っていくことになります。

▶ langフォルダの構造（赤色が日本語部分）

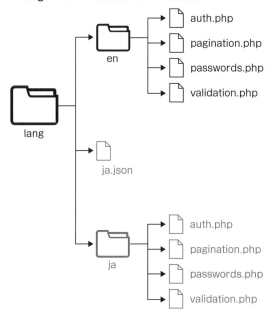

　日本語ファイルを作成し、翻訳も行うのは大変です。GitHub上に便利なライブラリがあるので、使わせてもらうと良いでしょう。おすすめのパッケージを紹介します。

Laravel Breeze 日本語化パッケージ

　Laravel Breeze日本語化パッケージは、Laravel Breeze用の翻訳データを提供します。日本人エンジニアによって開発されたライブラリで使いやすいです。日本語用ファイルを作成する必要はなく、コマンドを実行するだけで、langの中に日本語ファイルを作成できます。

　インストール方法は、パッケージのドキュメントを参照してください。

　なおパッケージをインストールする際にはcomposer requireコマンドを実行します。Laravel Sail環境では、最初にsailをつけて、**sail composer require**という形でコマンドを入力してください。その後の言語ファイル出力用コマンドも、Laravel Sail環境では、sail artisanという形で始めていくようにしましょう。

 Laravel Breeze 日本語化パッケージ
https://github.com/askdkc/breezejp

開発環境と本番環境の設定の違い

いますぐは必要ないけれど、将来必要になるかも
しれない設定を紹介しておくよ。

はーい（いまは覚えなくてもいいか）。

2-9-1 開発環境と本番環境で設定を切り替える

Laravelでは、開発環境と本番環境で変わる可能性がある情報を**環境変数**に保存します。**環境変数はtest-projectフォルダー内の.envファイルで一括管理**されています。

VS Codeで開いてみましょう。

test-project/.envファイルのデフォルトの内容（一部）

```
APP_NAME=Laravel
APP_ENV=local
APP_KEY=base64:3z513WdoUAng/FeMV+AbK8DS44AaCev4ioJ73CrAfiM=
APP_DEBUG=true
APP_URL=http://localhost
```

▶ .env内で設定できる環境変数の例（一部）

環境変数	意味	開発環境での値	本番環境での値
APP_NAME	Webアプリケーションの名前	Laravel	適切な名前
APP_ENV	Webアプリケーションの実行環境	local	production
APP_KEY	暗号化に使う鍵	プロジェクト作成のとき、自動生成	ローカル環境と同じ値を使用
APP_DEBUG	デバッグ情報をWebアプリケーション上に表示	TRUE	FALSE
APP_URL	WebアプリケーションのURL	http://localhost	デプロイ先のURL

たとえば、**APP_NAME**という環境変数にはWebアプリケーションの名前を設定します。デフォルトではLaravelとなっていますが、これは仮の名前で、本番環境では適切な名前に変更する必要があります。

また、**APP_ENV**にはWebアプリケーションの実行環境を設定します。デフォルトでは開発環境が設定されています。

APP_DEBUGは、エラーが発生した際、問題の解決に役立つ情報（デバッグ情報）がWebブラウザに表示されるかどうかを設定する箇所です。開発環境で実行する際は、APP_DEBUG=trueのままで構いません。

ですが、不特定多数の人がアクセスする本番環境で実行する際は、必ずAPP_DEBUG=falseへ変更しておく必要があります。デバッグ情報には、不正アクセスを試みる人たちにとって有益な情報や、セキュリティ上表示すべきではない情報が含まれています。なお、APP_DEBUG=falseに設定した場合は、「500 Internal Server Error」などと書かれた画面が表示され、デバッグ情報は表示されません。

このような形で**.envファイルを開発環境と本番環境で別々に用意することで、環境を切り替えた時にも適切にWebアプリを運用できます。**

test-project/.envファイルには、上記の他にもデータベースやメールサーバーに関連する環境変数が定義されています。Laravelプロジェクトを外部ツールとAPI連携させる場合には、APIのキー情報を保存することもあります。

なおプロジェクトの中には、.envと似た.env.exampleというファイルがあります。これは配布用に用いたり、別の開発者が.envファイルを作る際の参考とするために使用できるファイルです。

 ひとことアドバイス

Webアプリは直接.envファイルを参照せず、configを通じて、.envファイルの設定を読み込んでいます。

たとえばconfig/app.phpファイルの29行目あたりの'env'の項目には、次のように書かれています。

config/app.phpファイルの29行目あたり

```php
'env' => env('APP_ENV', 'production'),
```

これは「.envファイルのAPP_ENVの設定とする。もしなければproductionとする」という意味です。このように書くことで、**.envファイルを差し替えるだけで、設定を変更できるのです。** なお、configフォルダの設定ファイルに追加した設定値をプロジェ

クト内で使用する場合、config関数を使います。上の例は、config/app.phpファイル内のenvというキーの設定値となります。この値を$valueに代入するには、下記のような形でコードを書きます。

```php
$value = config('app.env');
```

 開発環境と本番環境で.envファイルを別々に用意しておけば、.envファイルを切り替えるだけで、設定を変更できるんだ。

なるほど！　便利だね。

2-9-2　PHPバージョンの変更方法

　Laravel Sailでプロジェクトを作成すると、プロジェクトの直下に**docker-compose.ymlファイル**ができます。こちらはコンテナを定義するファイルです。先ほどデータベースの設定を説明した時にも、このファイルが登場しましたね。先ほどは、phpMyAdminについて設定しました。
　docker-compose.ymlファイルは、**PHPのバージョンを変更したい時などにも使用します。**LaravelはバージョンによってLaravelはバージョンによって、必要とされるPHPのバージョンが異なります。

Laravel のバージョン	PHP のバージョン
Laravel 9	PHP 8.0 以上が必要
Laravel 10	PHP 8.1 以上が必要

　以降では、VS Codeを起動し、test-projectフォルダーを開いた状態を想定して説明します。開き方は2-5-3「エイリアスの設定」を参照してください。

PHPのバージョンを確認する

　現在、コンテナで使われているPHPのバージョンは、次のコマンドで確認できます。
　Laravel Sailは本書の執筆時点（2023年1月）で、PHP 8.2、8.1、8.0、7.4を利用したアプリケーションの実行をサポートしています。

```
~/test-project$ sail php --version
PHP 8.2.1 (cli) (built: Jan 13 2023 10:43:08) (NTS)
Copyright (c) The PHP Group
Zend Engine v4.2.1, Copyright (c) Zend Technologies
    with Zend OPcache v8.2.1, Copyright (c), by Zend Technologies
    with Xdebug v3.2.0, Copyright (c) 2002-2022, by Derick Rethans
~/test-project$
```

　上記の例では、PHP 8.2.1が使われていることを確認できました。以降では、PHP 8.1を使うように変更する手順を紹介します。

コンテナを停止する

　まずは、sail stopを実行し、Laravel Sailを止めておきます。

```
~/test-project$ sail stop
```

docker-compose.yml を編集する

続いて、VS Codeでdocker-compose.ymlファイルを開きます。
PHPのバージョンを8.1に変更するには、**contextとimageの2か所を「8.1」に変更します。**

PHP 8.1を利用するようにdocker-compose.ymlを編集する

```
# For more information: https://laravel.com/docs/sail
version: '3'
services:
    laravel.test:
        build:
            context: ./vendor/laravel/sail/runtimes/8.1
            dockerfile: Dockerfile
            args:
                WWWGROUP: '${WWWGROUP}'
        image: sail-8.1/app
```

変更が済んだら、保存します。

コンテナを再構築する

設定の変更をコンテナへ反映するには、次のコマンドを実行します。

```
~/test-project$ sail build --no-cache
~/test-project$ sail up -d
```

　sail buildコマンドによって、DockerコンテナがPHP 8.1を利用するかたちで再構築されます。再構築には少し時間がかかります。

既存のパッケージを更新する

　再びコマンドを入力できるようになったら、composer updateコマンドを実行し、既存のパッケージをPHP 8.1に合わせて更新します。

```
~/test-project$ sail composer update
```

コンテナを再起動する

　sail restartコマンドを実行し、コンテナを再起動します。

```
~/test-project$ sail restart
```

　コンテナを再起動したら、もう一度php --versionコマンドを実行し、バージョンが変わっていることを確認してください。

```
~/test-project$ sail php --version

PHP 8.1.16 (cli) (built: Feb 14 2023 18:35:37) (NTS)
Copyright (c) The PHP Group
Zend Engine v4.1.16, Copyright (c) Zend Technologies
    with Zend OPcache v8.1.16, Copyright (c), by Zend Technologies
    with Xdebug v3.2.0, Copyright (c) 2002-2022, by Derick Rethans
```

PHPバージョンの変更は最初は使わないと思うから、
今は、参考程度に見ておいてね。
さて、これで、プロジェクトの基本部分が作れたね。
どうだった？

正直、やること多くて大変だったよ。
でも、Laravelを使う時に必要なことが
分かってきた気がする。

環境構築は、最初は時間がかかるんだ。
2回目からは手順が分かるから、ラクになるよ。
CHAPTER 3では、Laravelの構造を解説していくね。

Laravelがどんな構造かが分かるってことだね。

CHAPTER 2のまとめ

☑ **Laravel Sailを使った開発環境の構築方法**
Laravel Sailで新規プロジェクトを作る方法を解説しました

☑ **Laravel Sailでのデータベース設定方法**
phpMyAdminを使えるようにする方法を解説しました

☑ **Laravel SailでVS Codeを便利に使う方法**
便利な拡張機能を紹介しました

☑ **ライブラリをつかって、ユーザー認証機能を実装する方法**
まずはユーザー認証機能を搭載するためのライブラリを比較しました。
その後、Laravel Breezeをインストールし、ユーザー認証機能を実装しました。
最後に各種基本設定を行うファイルと、設定方法を説明しました。

エラー対策：Laravel Sailで開発環境を構築できない場合

　Laravel Sailを使った開発環境の構築がどうしてもうまくいかない時の対策を解説します。

※1　プロジェクトの新規作成を実行しても反応がない

　Laravel Sail上でプロジェクトの新規作成コマンドを実行してもまったく反応がない場合は、ネットワークに接続できていない可能性があります。

　頻度としては少ないため、本書での解説は省略しています。該当した場合には、下記のブログ記事を参考にしてください。

Laravel Sail エラー https://laravel.build 実行後、反応がない時の対策
https://biz.addisteria.com/laravel_build_no_reaction/

※2　sail up をするとエラーになる

　Error [internal] load metadata for dockerと表示された場合には、次のブログ記事を参照してください。

「Error [internal] load metadata for docker エラーになる」
https://biz.addisteria.com/laravel_sailuperror/

　port is already allocatedと表示された場合には、複数のプロジェクトで同じポート番号を使用しています。既に起動しているプロジェクトがあれば、sail stopコマンドを実行して、閉じておきましょう。

　他のツールで使用されている場合には、ポート番号を変更する必要があります。下記記事を参考にしてください。

「port is already allocated と表示されたらポート番号を変えよう」
https://biz.addisteria.com/laravel-sail-port-is-already-allocated/

エラーや PC のスペックが原因で Laravel Sail を使えない

　メモリの消費量が大きすぎる、OSのバージョンが古すぎるなど、いろいろな事情でLaravel Sailを使えないことがあります。本文内でも書きましたが、M1チップを搭載するMacは、2023年1月現在、エラーが発生しやすいことを確認しています。Laravel Sailのインストールが困難な場合には、他の方法をご利用ください。

　おすすめは、WindowsであればXampp（ザンプ）、MacであればMamp（マンプ）を使う方法です。

　Laravel Sailと比べると、必要なツールを別々にインストールする必要があります。その分少し手間がかかりますが、Dockerを使わない分、メモリの消費量を抑えられます。

　XamppやMampを使った開発環境の構築方法は、筆者のブログを参考にしてください。

Xampp を使った Laravel 環境構築
https://biz.addisteria.com/laravel_basic2/

Mamp を使った Laravel 環境構築
https://biz.addisteria.com/laravel_mac_install/

　なおLaravel Sail環境でコマンドを実行する場合にはコマンドの最初にsail artisanが入りますが、**Laravel Sail環境以外ではコマンドはphp artisanの形でスタートします。**本書では、すべてのコマンドの最初にsail artisanが入っていますが、Laravel Sail環境ではない場合は、この部分は適宜変更してください。

Laravelの仕組み

ここでは、Laravelの仕組みを解説していきます。最初にLaravelの
基本構造となるMVCモデルについて説明していきます。本章からは
個性豊かなキャラクター達も登場します。キャラクターたちの会話を
通じて、MVCモデルがどういったものかが分かります。楽しみなが
ら、読み進めていってくださいね。

後半では、Laravelのディレクトリ構造を説明していきます。Laravel
には、かなりたくさんのディレクトリやファイルがあります。すべて
を覚える必要はありません。ポイントをしぼって解説していくので、
まずは大事な部分だけおさえていきましょう。

MVCモデルって何？

ここからは、Laravel の基本構造を見ていこう。
Laravel は MVC モデルを使ってできているよ。

MVC モデルってなに？

それじゃ、そこから説明していくね。

Laravelは、**MVCモデル**を使って作られています。MVCモデルとは、**モデル（Model）、ビュー（View）、コントローラ（Controller）の3つで構成**されています。それぞれの頭文字を取って、MVCモデルと呼びます。この3つに加えて、**ルーター**を使って、処理が実行されます。

MVCモデルは、Laravel以外でも使われています。PHPのフレームワークであれば、CakePHP、FuelPHPでも使用されています。Rubyのフレームワークとして有名なRuby on Railsでも採用されています。MVCモデルは、Webアプリを作る上でぜひ知っておきたい部分です。もしご存じない場合には、CHAPTER 3を通じて、基本構造と処理の流れをしっかりおさえておいてください。

3-1-1　MVC モデルについて

まずは、モデル、ビュー、コントローラ、ルーターの役割を確認しておきましょう。

今回はMVCモデルとルーターを説明するために、
特別に、MVCモデルの構成員の皆さんに来てもらったよ。

えっ、どういうこと!?

出演者に登場してもらいながら、もう一度MVCモデルについて説明していこう。まずはルーターからね。

なんだか、ドキドキするなぁ。

ルーターの役割：交通整理

まずは、**ルーターの役割**について説明します。そのために、ルーターに登場してもらいましょう。

 はじめまして。ルーターです。

うわ、かわいい！
はじめまして。Junkoです。

 ルーターの役割は、ひとことで言えば、交通整理だよ。ユーザーからきたリクエストを、どこで処理するか、割り振っているんだ。

へぇ。小さいのに、大事なことをしているんだね。

 えへ。

　ルーターの役割は、**ユーザーのリクエストをどのコントローラのどのメソッドで処理するかを割り振ること**です。**リクエストの交通整理係**といえるでしょう。特に処理を行わず、ページを表示するだけの場合には、ルーターの設定ファイルに直接処理を記述することもあります。

ルータの設定（ルート設定）は通常、**routes/web.php**ファイルに記述します。デフォルトでは、web.phpファイルには下記のコードが入っています。

routes/web.php

```php
Route::get('/', function () {
    return view('welcome');
});
```

これによってURL欄にhttp://localhostと入れると、resources/views/welcome.blade.phpファイルが表示されます。

なお、Laravel Breezeなどのユーザー認証ライブラリを入れると、routes/auth.phpが作成されます。ここには、ユーザー登録やパスワードの再設定など、ユーザー認証に関連するルート設定が入っています。

▶routes/auth.php

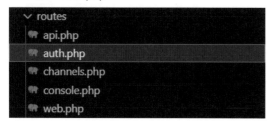

ルート設定の書き方は、後のCHAPTERで解説していきます。

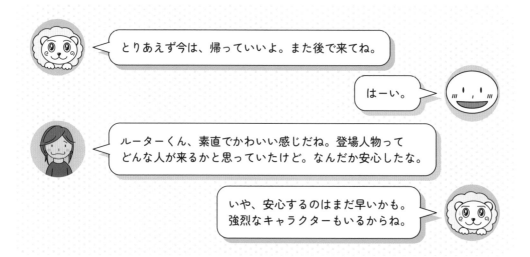

コントローラの役割：現場のリーダー

次は、**コントローラの役割**です。コントローラに登場してもらいましょう。

 おう。コントローラです。

どうも。
（なんだか、えらそう...）

 コントローラは、現場のリーダーという大事な
役割を担っているんだ。ルーターから受け取った
リクエストを実際に処理している。

へぇ。どうりで威圧的、いや、責任感がある感じだね。

 俺がミスると、処理がとまるからね。
みんなをまとめなきゃだし。ラクな仕事じゃないよ。

コントローラは、**ルーターから受け取ったユーザーのリクエストを実際に処理していきます。**
コードを書くときに最もよく使用する場所がコントローラとなります。

　リクエストの内容によって、モデルを介してデータベースとやりとりしたり、設定ファイルを
読み込んだり、色々な場所と連携します。言ってみれば、**現場のリーダー的な役割**を担っていま
す。最終的にユーザーのリクエストに応じたレスポンスを返します。

　コントローラファイルは、**app/Http/Controllers**の中に作っていきます。

　Laravel Breezeなどのユーザー認証ライブラリを入れると、app/Http/Controllersの中に
Authディレクトリが作成されます。Authの中には、次のように9個のコントローラファイルが入
っています。各ファイルには、メソッドごとに、ユーザー認証に関連する処理が記述されていま
す。ユーザー認証に関する処理がどのようになっているのか、気になったら、見てみてください。

▶ app/Http/Controllers/Auth

```
∨ Auth
    🐘 AuthenticatedSessionController.php
    🐘 ConfirmablePasswordController.php
    🐘 EmailVerificationNotificationController.php
    🐘 EmailVerificationPromptController.php
    🐘 NewPasswordController.php
    🐘 PasswordController.php
    🐘 PasswordResetLinkController.php
    🐘 RegisteredUserController.php
    🐘 VerifyEmailController.php
```

いちからコントローラのメソッドにコードを記述する方法は、後ほど解説していきます。

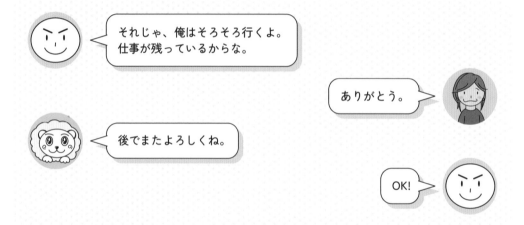

モデルの役割：文書管理

次は、**モデルの役割**です。モデルさんに登場してもらいます。

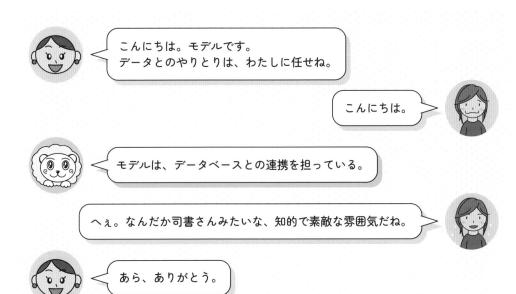

　モデルは、**データベースとの連携係**です。データベースにレコードを保存したり、データベースから指定したレコードを取ってきたりする時に、**モデルを介して、データベースとやりとりをする**ことになります。

　モデルファイルは、**app/Models**の中に作成します。デフォルトでは、User.phpファイルが入っています。usersテーブルと連携する処理は、app/Models/User.phpに記述します。

　データベースに新しくテーブルを作ったり、あるいはカラム（列）を増やしたりするには、database/migrationsの中にマイグレーションファイルを作る必要があります。マイグレーションファイルの内容をデータベースに反映するには、下記コマンドでマイグレートを実行します。

```
$ sail artisan migrate
```

　CHAPTER 2でLaravel Breezeをインストールした後に、マイグレートを実行しました。この時点で、データベースにはusersテーブル以外に、下記のようにテーブルが作成されているはずです。

▶ phpMyAdminにログイン後、プロジェクトのデータベーステーブルを表示

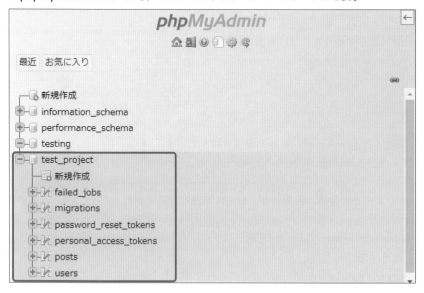

モデルファイルやマイグレートファイルの作り方は、また後ほど解説していきます。

ビューの役割：広報

最後は、ビューの役割です。ビューさんに登場してもらいます。

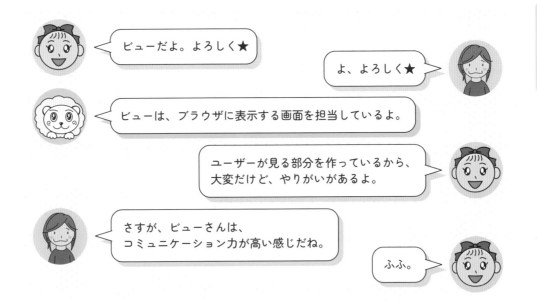

ビューは、**ブラウザに表示する部分**です。ユーザーが直接目にする部分となるので、いってみれば、**ユーザーとWebアプリを結ぶ広報的な役割**を担っています。

ビューは、**Bladeというテンプレートエンジン**を使って作成します。ビューファイルの拡張子は、**blade.php**です。

テンプレートエンジンと聞くと分かりにくいと感じるかもしれませんが、**通常のhtmlコード以外に、変数や、プログラミングコードを入れることができる、**と捉えておいてください。コードを入れる部分には、**@（アットマーク）**を入れます。

ビューファイルは、**resources/views**の中に作っていきます。デフォルトでは、welcome.blade.phpファイルが入っています。Laravel Breezeを入れると、resources/viewの中にauth、components、layouts、profileディレクトリとdashboard.blade.phpが作られます。

▶ resources/views

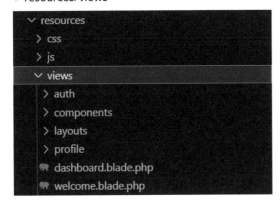

welcome.blade.phpファイルは、下記のLaravelのトップ画面用のファイルです。

▶ Laravelトップ画面

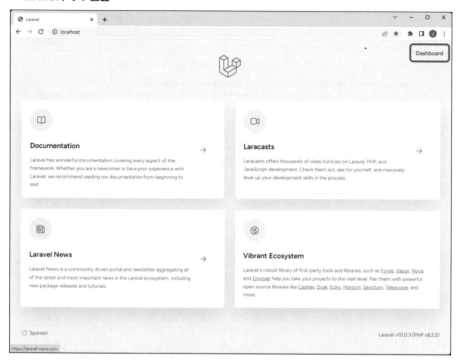

右上の「Dashboard」の箇所には、ログインしていない状態の場合には、「Log in Register」と表示されます。welcome.blade.phpファイルの20行目あたりにコードが記述されています。@を使ったコードが入っているので、少し中身をみてみましょう。

welcome.blade.php

```php
@if (Route::has('login'))
    <div class="sm:fixed sm:top-0 sm:right-0 p-6 text-right">
        @auth
            <a href="{{ url('/dashboard') }}" class="省略">Dashboard</a>
        @else
            <a href="{{ route('login') }}" class="省略">Log in</a>

            @if (Route::has('register'))
                <a href="{{ route('register') }}" class="省略">Register</a>
            @endif
        @endauth
    </div>
@endif
```

@の部分のコードを解説していきます。

●@if (Route::has('login'))

「もしloginという名前のルート設定があれば」 という意味です。Laravel Breezeをインストールすると、routes/auth.phpに、loginという名前のルート設定が作られます。つまりこの条件は、既にクリアしている状態です。

●@auth

「ログインしていれば」 という意味になります。welcome.blade.phpを表示した時に、ユーザーがログインしていれば、該当部分には「Dashboard」と表示されます。

●@else

ログインしていない場合には、該当部分には「Log in」と表示されます。

●@if (Route::has('register'))

「registerという名前のルート設定があれば」 という意味です。routes/auth.phpには、registerという名前のルート設定が入っています。そのためログインしていない状態では、「Log in」の隣に「Register」と表示されます。

つまり、ログインしていない場合にはloginとregisterが表示され、ログインしている場合にはDashboardと表示されるはずです。実際にそうなっているか、見てみてくださいね。

おお、すごい！ ユーザーがログインしているかどうかで、簡単に表示を変えられるんだね。

ふふん。すごいでしょ。

コードはコントローラに書くことが多いけど、条件によって表示内容を変えたりする時には、ビュー側にコードを入れるよ。

ビュー部分には、コントローラから受け取った変数を表示することもできます。これもまた強力な機能です。ビューファイルの作り方は、また後程解説します。

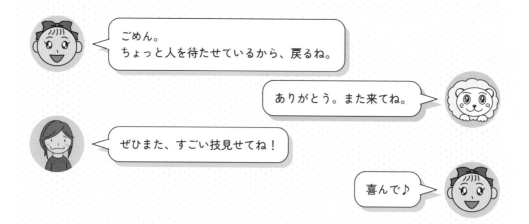

ごめん。
ちょっと人を待たせているから、戻るね。

ありがとう。また来てね。

ぜひまた、すごい技見せてね！

喜んで♪

3-1-2 MVC モデルの処理の流れ

MVCモデルの登場人物たちの役割を見てきました。それでは次に、どのように処理が行われるのかを確認します。

たとえばユーザーがhttps://ドメイン/profileにアクセスしたとします。このページには、ユーザーの名前やメールアドレスが入っているとしましょう。

まずは交通整理係のルーターが、どこで処理を行うか割り振ります。

コントローラくん、ProfileControllerの
showメソッドで処理を進めておいて！

任せとけ！

処理を受取ったコントローラは、モデルを介して、ログインユーザーの情報を取得します。

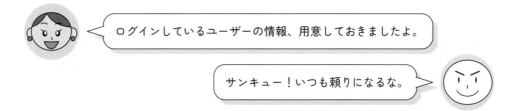

ログインしているユーザーの情報、用意しておきましたよ。

サンキュー！いつも頼りになるな。

次にコントローラは表示するビューを指定します。

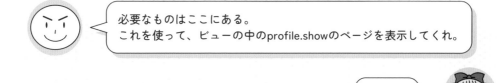

必要なものはここにある。
これを使って、ビューの中のprofile.showのページを表示してくれ。

はーい★

　すると、ユーザーの画面にページが表示されます。この処理の流れをひとつの図にすると、下記のようになります。

▶ LaravelのMVCモデルによる処理の流れ

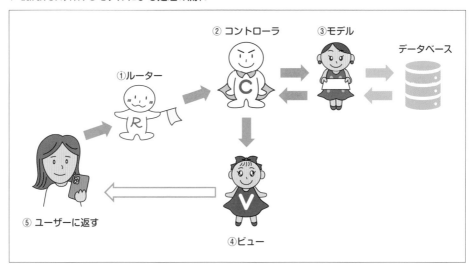

ぜひこの処理の流れをしっかり理解しておいてください。

ただし、常にこの図のように処理が進むわけではありません。ルーターに直接表示するビューファイルを指定することもできます。これによって、コントローラを介さずにブラウザに画面を表示することができます。また処理によっては、データベースを使わないこともあります。この場合には、モデルの出番はありません。**基本の処理の流れどおりにいかないこともある、**と覚えておいてくださいね。

3-1-3　MVCモデルのメリットとデメリット

MVCモデルについて解説してきましたが、最後に、この方法のメリットとデメリットをお伝えします。

まずは、次の2つのWeb制作会社を思い浮かべてみてください。

- A社：営業・Webデザイン・プログラミングをすべて1人が担当する
- B社：営業・Webデザイン・プログラミングは専門知識をもった各担当者が行う

分業体制で作業を行うB社のほうが、効率よく仕事を進められそうですよね。

MVCモデルもB社と同じです。MVCモデルでは**各処理に最も適したスペシャリストが処理を進めてくれます。**この分業によって効率よく作業が進みます。

ですが、この方法には弱点もあります。先ほどの会社の例でいえば、営業とWebデザイナーとプログラマー、それぞれがちゃんと役割を分担して、そして連携して作業を進めないと、トラブルになってしまいます。同じように、MVCモデルでも役割を理解した上で適切に処理を入れていかないと、いびつな構造のWebアプリになってしまいます。そうなると、動作したとしても、エラーが起こったときの修正が大変になったりします。

こういった事態にならないよう、**MVCモデルの各担当者の役割と、処理の流れをしっかりおさえて、コードを書く**ようにしていきましょう。

コードを書く時には、
ぜひMVCモデルの図を思い浮かべてね。
MVCモデルのページを折り曲げたりしておくと便利だよ！

わ、わかった。

Laravelのディレクトリ（フォルダ）構造

処理の流れが分かったところで、次に
ディレクトリ構造を見ておこう。

うん！　良かったぁ。実は、
プロジェクトの中って、フォルダやファイルがいっぱい
ありすぎて、何がなんだか分からなくて困っていたんだ。

最初からすべて覚えておく必要はないよ。とりあえず、
モデル、ビュー、コントローラ、そしてルート設定を
入れる場所だけはおさえておいて。

うん。

Laravelのプロジェクトの中は、次のようになっています。

▶ Laravelのディレクトリ構造

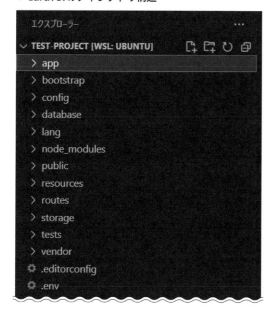

上から順に、使用する可能性があるディレクトリやファイルの役割とポイントを解説していきます。ですが、最初からすべて把握しておく必要はありません。現段階では、下記の4つの場所だけ意識しておいてくださいね。

- コントローラの場所（app/Http/Controllers）
- モデルの場所（app/Models）
- ビューの場所（resources/views）
- ルート設定を入れる場所（routes）

3-2-1　appディレクトリ

まずはappの中身からみていきましょう。appには、次のディレクトリが入っています。

▶ appディレクトリ

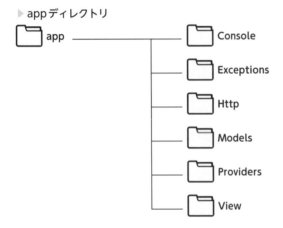

Console

Laravelでは、オリジナルでコマンドを作ることもできます。オリジナルコマンドのコードの内容は、Console/Commandsの中に入れていきます。

設定したスケジュールどおりに、記述したバッチ処理を自動で実行することもできます。スケジュールは、Console/Kernel.phpファイルに記述します。

Exceptions

Exceptionsには、例外処理を入れます。つまり、エラーが起こった時の処理を設定します。デフォルトではエラーはstorage/logs/laravel.logに記録されますが、ここに記録しないよう設定したり、除外したい例外クラスを設定したりできます。

Http

Httpは非常によく使う部分です。デフォルトでは、次の3つのディレクトリが入っています。

▶Httpディレクトリ

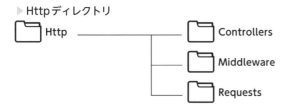

Controllers
Controllersには、先ほど見てきたとおりコントローラファイルが入ります。

Middleware
Middlewareには、ミドルウェアファイルが入ります。ミドルウェアは、コントローラで処理を行う前に実施したい処理がある場合に、使用します。

Models

Modelsには、先ほど見てきたとおりモデルファイルが入ります。なおLaravel6以前では、モデルファイルはappの直下に入っていましたが、Laravel7以降にModelsの中に入るようになりました。

Providers

Providersには、Laravel起動時の処理を設定します。最初から使用する必要はありませんが、Webアプリを開発する中で、編集する機会は出てくるでしょう。

3-2-2　bootstrap ディレクトリ

フレームワークを初期起動処理するapp.phpファイルが入っています。通常、このディレクトリ内を編集することはありません。

3-2-3　config ディレクトリ

configには、設定用ファイルが入っています。CHAPTER 2でconfig内のapp.phpファイルを編集してタイムゾーンと言語の設定を変える方法を説明しました。他にも各種設定ファイルが入っています。頻繁に編集することはない場所ですが、どんなファイルがあるかは見ておいても良

いでしょう。

3-2-4 database ディレクトリ

databaseには、データベース関連の3つのディレクトリが入っています。

▶ databaseディレクトリ

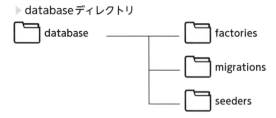

factories

　Laravelでは、テスト用データを効率よく作成できます。factoriesは、いわばテストデータ作成工場(factory)です。ここにはテストデータの設定ファイルが入ります。データ型など、モデルに関連付けて、テストデータの条件を細かく設定できます。

migrations

　migrationsには、マイグレーションファイルが入ります。マイグレーションファイルを通じて、データベースのテーブルとカラム（列）の作成や変更を行います。

seeders

　seedersも、テストデータを設定する場所です。seederは、種をまく人いう意味です。factoriesで設定した条件に基づき、何個のテストデータを作るか設定をします。
　また、データベースの初期値の設定も行えます。

3-2-5 lang ディレクトリ

　langディレクトリは、言語ファイルを入れる場所です。こちらは、Laravel 9まではデフォルトで存在しましたが、Laravel 10ではデフォルトでは存在しません。英語以外の言語を使用したい場合には、自分で作成する必要があります。方法はCHAPTER 2で解説しています。

3-2-6 public ディレクトリ

publicディレクトリは公開ディレクトリであり、**ブラウザからアクセスできる場所になります。**通常ここにCSSやJavaScriptや画像ファイルを入れます。

3-2-7 resources ディレクトリ

resourcesディレクトリには、次の3つのディレクトリが入っています。

▶ resourcesディレクトリ

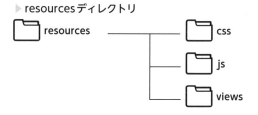

css と js

通常のCSSとJavaScriptファイルは、publicディレクトリに入れます。resourcesのcssとjsディレクトリには、コンパイル（変換）前のアセット情報を入れます。

Laravel Breezeをインストールすると、cssにはTailwind CSSに関するコードが入ります。jsには、Alpine.jsに関するコードが入ります。コンパイルについては、また後程解説します。デフォルトの設定を変えたい場合以外は、特に編集する必要はありません。

views

resourcesディレクトリで最もよく利用するのはviewsディレクトリとなります。ここにはビューファイルを入れていきます。

3-2-8 routes ディレクトリ

routesディレクトリには、ルート設定用のファイルを入れます。routesの中にはファイルがいくつか入っていますが、通常はweb.phpファイルにルート設定用の設定を入れていきます。

Laravel Breezeなどのユーザー認証ライブラリをインストールすると、routesの中にユーザー認証に関連するルート設定が書かれたauth.phpファイルが作成されます。

3-2-9 storage ディレクトリ

storageディレクトリには、次の3つのディレクトリが入っています。

▶ storageディレクトリ

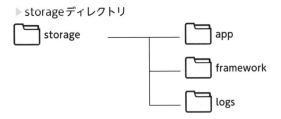

app

appには、フォームなどを通じて保存した画像ファイル等を保存します。通常、publicディレクトリとの間に**シンボリックリンク**を設定することで、ブラウザを通じてstorage/appにアクセスできるようにします。シンボリックリンクは、ショートカットのようなものです。

framework

frameworkには、キャッシュファイルなどができます。特に操作する必要はありません。

logs

logsには、エラー時のメッセージ等が記録されます。開発環境ではブラウザにエラーメッセージが表示されるので、特にログを見る必要はありません。ですが本番環境では、エラーメッセージは表示されないように設定しておきます。こうした場合は、logs内のファイルを見れば、エラーメッセージを確認できます。

3-2-10 tests ディレクトリ

Laravelは、PHPのテスト用フレームワークPHPUnitをサポートしています。testsディレクトリには、テスト関連のファイルが入ります。

3-2-11 vendor ディレクトリ

各ライブラリのファイルが入ります。作成したプロジェクトを本番環境に反映させる時には、通常、vendorディレクトリの中身は持っていきません。そのため、**vendorディレクトリ内のフ**

ァイルは直接編集しないようにしましょう。

　では本番環境ではどのようにライブラリファイルを準備するのか、疑問が生じますよね。これについては、次の「composer.jsonとcomposer.lockファイル」を読んでください。

3-2-12　composer.json と composer.lock ファイル

　composer.jsonには必要なライブラリの種類とバージョン条件が記載されています。composer.lockには、ライブラリを開発環境でインストールした時の情報が入っています。

　本番環境にプロジェクトを反映させる時には**composer install**を実施します。これによって**composer.lockファイルの情報をもとに、開発環境と同じバージョンのライブラリを本番環境にインストールできます。**

3-2-13　package.json と package-lock.json ファイル

　Tailwind CSSやBootstrapなどは、Node.jsを使ってインストールします。package.jsonとpackage-lock.jsonファイルには、こういったNode.jsを使って入れるパッケージの種類とバージョン条件が記載されています。package.jsonには必要なパッケージの種類とバージョン条件が記載されています。package-lock.jsonには、実際にインストールされたパッケージの情報が入っています。

　npm installを実行するとパッケージをインストールできます。ただ現在は、Laravel Breezeをインストールした時点で、npm installを実行せずとも、Laravel Breezeに必要なパッケージが入ります。

　なお本番環境では、開発環境でコンパイルされたファイルを持っていくため、通常、npm installを実行する必要はありません。

3-2-14　.env ファイル

　.envファイルには、環境変数を設定します。CHAPTER 2ではデータベースの設定や、Webアプリの名前等を入れると説明しました。外部ツールとAPI連携を行う場合には、APIのキー情報等を入れたりもします。

3-2-15　vite.config.js ファイル

　ここには、Laravel Viteに関する設定が入っています。Laravel Viteについては、また後程解説します。

ざっと、大事なファイルを見てきたけど、どうだった？

なんかもう、お腹がいっぱいの気分。
たくさんありすぎて分からないよ。

だよね。実際にファイルを編集すれば自然に何が
どこにあるのか見えてくるから、心配しないで。

うん。

あ、ちなみにライブラリを入れると、
新しくディレクトリが増えたりもするよ。

さらに増えるんだね。

CHAPTER 3のまとめ

☑MVCモデルについて

Laravelの基本構造となるMVCモデルについて解説しました。MVCモデルは、モデル
（Model）、ビュー（View）、コントローラ（Controller）の3つで構成されています。さ
らにルーティングを使って、処理が実行されます。

☑Laravelのディレクトリ構造について

Laravelの各ディレクトリの役割について説明しました。最初から全て覚えておく必
要はありません。まずは、コントローラ、モデル、ビュー、ルーティングの設定を入
れる場所の4つをおさえておいてください。

COLUMN

@ifディレクティブを使ってプロパティが読み込めないエラーを解決

Laravel Breezeをインストールした後は、ログイン後に表示されるべき画面を、ログインしていない状態で表示しようとすると下記のようなエラーになります。これは「nameプロパティを読もうとしましたが、nullでした」といった意味です。

▶ Attempt to read property "name" on null エラー画面

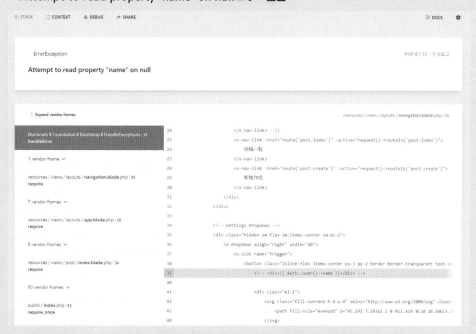

ログイン後のナビゲーションメニューの中には、ログイン後のユーザー名やメールアドレスを表示する箇所があります。ログインしていない状態でこのメニューを表示しようとすると、上記のようなエラーになってしまうのです。

エラーを解決するには、ログインをしてから、ブラウザにファイルを表示すれば大丈夫です。

もし「開発環境では毎回ログインを行うのは面倒」と感じたら、開発中は、ナビゲーションメニュー用のファイル（resources/views/layouts/navigation.blade.php）内の3か所のコードに、下記のように@if(Auth::check())〜@endifコードを追加しておきましょう。

26行目　変更前(上)・変更後(下)

```php
<div>{{ Auth::user()->name }}</div>
<div>@if(Auth::check()){{ Auth::user()->name }}@endif</div>
```

78行目　変更前(上)・変更後(下)

```php
<div class="中略">{{ Auth::user()->name }}</div>
<div class="中略">@if(Auth::check()){{ Auth::user()->name }}@endif</div>
```

79行目　変更前(上)・変更後(下)

```php
<div class="中略">{{ Auth::user()->email }}</div>
<div class="中略">@if(Auth::check()){{ Auth::user()->email }}@endif</div>
```

　@if(Auth::check())は、「もしログインしていれば」という意味です。このコードを加えることで、ユーザーがログインしていれば、ユーザーの名前やメールアドレスが表示されます。ログインしていない場合にはエラーにはならず、単にユーザーの名前やメールアドレスが表示されないようになります。

ビューファイル上でプログラミングコードを使う時は、最初に@をつけるんだ。

そういえば、さっきビューさんに教わった気がする！便利そうだね。

ビューファイル上でプログラミングコードを入れる方法は、また後で説明していくね。
今は、エラーが出たときの解決法だけ覚えておいて。

うん。早速ナビゲーションファイルに、コードを入れておこうっと。

4

コードの基本的な入力方法

ここからは、実際にコードを入力していきます。

まずはルート設定の書き方から説明します。そのあと、コントローラにコードを入れて、ビューファイルをブラウザに表示してみます。最後に、ビューファイルの使い方を詳しく解説していきます。ビューファイルについては、お伝えする項目がたくさんあります。まずはビューファイル（Blade）上でプログラミングコードや変数を使う方法を説明します。その後、テンプレートとなるファイルを使って効率よく美しいページを作る方法を解説します。

CHAPTER 4を通じて、Laravelでコードを書く上で欠かせない基礎知識を身に着けていきましょう！

交通整理のルーターの処理

ここからは、コードの書き方に
はいっていくよ。

まってました！

まずは、ルートの書き方からいこう。
ルーターに、もう一度登場してもらおうかな。

はーい。よろしくね。

よろしくー！

　ここからは、コードの書き方について解説していきます。まずは、**交通整理係のルーターの処理をどのように記述するか**、見ていきましょう。

4-1-1　ルート設定の方法

　ルーターはルート設定に基づいて、処理を割り振ります。ルート設定が記されたルート設定ファイルは、routesの中に入っています。Laravel Breezeなどユーザー認証ライブラリを入れると、routes内にauth.phpファイルが作成されます。このauth.phpファイルに書かれたコードをお手本に、ルート設定の書き方を説明していきます。

　auth.phpファイルの14行目あたりに、**登録用画面を表示するためのルート設定**があります。

▶ routes内のファイル

ルート設定の書き方は次のとおりです。

ルート設定の書き方（実際は1行にまとめて書きます）

```php
Route::HTTPメソッド('URL', [コントローラ::class, 'メソッド'])
->name('ルート名');
```

　実際のコードは、次のように書かれています。コードの意味をひとつひとつ確認していきましょう。

routes/auth.php

```php
Route::get('register', [RegisteredUserController::class, 'create'])
->name('register');
```

HTTP メソッドの設定

　最初の「get」は、**HTTPメソッド**となります。HTTPメソッドは、ブラウザからWebサーバに要求の種類を伝える文字列です。要求によって次の4つのメソッドを使用します。

▶ HTTPメソッド

HTTP メソッド名	実行するアクション
get	ページを表示
post	データを保存
put または patch	データの更新
delete	データの削除

　routes/auth.phpには次のように、登録画面表示用のルート設定と、登録画面を通じて入力した値を保存するルート設定が入っています。保存用のルート設定のHTTPメソッドは、postとなっています。

このようにルート設定では、**同じURLでもHTTPメソッドによって、違う処理を割り振る**ことができます。

routes/auth.php

```php
//画面表示用
Route::get('register', [RegisteredUserController::class, 'create'])
->name('register');

//投稿データ保存用
Route::post('register', [RegisteredUserController::class, 'store']);
```

URL の設定

ルート設定の「register」と書かれた部分には、**ドメイン以下のURL**を入れます。

routes/auth.php

```php
Route::get('register', [RegisteredUserController::class, 'create'])
->name('register');
```

URLにパラメータを含む場合には、波括弧を使って記述します。たとえば上記のルート設定に「user」パラメータを入れる場合には、**register/{user}**とします。後のCHAPTERで、パラメータを使ったルート設定の作り方をお見せしていきます。

コントローラとメソッドの設定

次の「RegisteredUserController::class, 'create'」は、**このURLをリクエストされた時に処理を行うコントローラ名と、メソッド名**を入れます。

routes/auth.php

```php
Route::get('register', [RegisteredUserController::class, 'create'])
->name('register');
```

なお、ルート設定ファイルの上部には、**コントローラファイルの場所を示すuse宣言をいれておく必要があります。** auth.phpファイルの上部には、次のようにRegisteredUserControllerのuse宣言が入っています。

routes/auth.php

```php
use App\Http\Controllers\Auth\RegisteredUserController;
```

ルート名の設定

登録画面表示用のルート設定の最後には、「->name('register')」とついています。これは、**このルート設定の名前**を示しています。ルート名はなくても良いのですが、付けておくと便利です。ルート設定に必須ではない補足情報を加えるときは、このように「->」を付けて記述します。

routes/auth.php

```php
Route::get('register', [RegisteredUserController::class, 'create'])
->name('register');
```

ルート名は、**プロジェクト内で、このルート設定を呼び出す時に使われる名前**となります。たとえば、ビューファイル(blade.php)上に、「Register」とクリックすると登録画面が表示されるリンクを作りたい場合には、ルート名を使うと、次のようにシンプルに記述できます。

ビューファイルにRegisterリンクを作る時のコード例

```php
<a href="{{ route('register') }}">Register</a>
```

ミドルウェアの設定

登録用のルートには、下記のように「guest」ミドルウェアも入っています。ミドルウェアを使うと、**ルート設定で指定した処理を実行する前に、処理を差しはさむことができます。**

routes/auth.php

```php
Route::middleware('guest')->group(function () {
    Route::get('register', [RegisteredUserController::class, 'create'])
                ->name('register');
    // 省略
});
```

「guest」ミドルウェアの処理は、app/Http/Middleware/RedirectifAuthenticated.phpファイルに書かれています。「guest」ミドルウェアによって、ログインユーザーが登録ページにアクセスすると、ホーム画面にリダイレクトします。ログインしていない場合には、次の処理に進みます。つまり、登録画面が表示されます。

ミドルウェアは大事な部分なので、また後のCHAPTERでも解説します。

以上、ルート設定の基本の書き方になるよ。
ちゃんと書かないと、ルーターが処理に困るから気を付けてね。

よろしくね。
実はuse宣言を忘れる人が多くてね。そうすると、
どこにリクエストを送っていいか分からなくて、
困っちゃうんだ。

use宣言って、コントローラの場所を入れるところね。
わたしも忘れちゃいそうだなぁ。

できれば、その、気をつけてね。

ルーターくんを困らせないように、がんばるよ！

4-1-2 ログイン後ページの変更方法

先程「guest」ミドルウェアの説明で、ログインユーザーには**「ホーム画面」**が表示されると
説明しました。ホーム画面は、ユーザーがログインした後にも表示されます。デフォルトでは、
ホーム画面はresources/views/dashboard.blade.phpファイルが表示されます。URLは、
http://localhost/dashboard です。

▶ログイン後のdashboard画面

　ホーム画面は、app/Providers/RouteServiceProvider.phpファイルで設定されています。変更したい場合には、RouteServiceProvider.phpファイルの20行目あたりにあるpublic const HOME =の後に、変更後ページのドメイン以下のURLを入れましょう。

RouteServiceProvider.php

```php
public const HOME = '/dashboard';
```

4-1-3　ルート設定の一覧表示

　プロジェクトの中にルート設定が増えていくと、どんなものがあったのか分からなくなってしまいます。Laravelでは、下記のコマンドを実行すると、**有効になっているルート設定の一覧を表示**できます。

```
~/test-project$ sail artisan route:list
  GET|HEAD  / .............................................
    : 中略
  GET|HEAD  login ...... login › Auth\AuthenticatedSessionController@create
  POST      login .............. Auth\AuthenticatedSessionController@store
  POST      logout ... logout › Auth\AuthenticatedSessionController@destroy
    : 中略
                                            Showing [25] routes
~/test-project$
```

▶ルート設定一覧表示コマンド実施後の画面

```
● junko@ga401ih:~/test-project$ sail artisan route:list
  GET|HEAD  /  ...............................................................
  POST      _ignition/execute-solution ........... ignition.executeSolution › Spatie\LaravelIgnition › ExecuteSolutionController
  GET|HEAD  _ignition/health-check ................ ignition.healthCheck › Spatie\LaravelIgnition › HealthCheckController
  POST      _ignition/update-config .............. ignition.updateConfig › Spatie\LaravelIgnition › UpdateConfigController
  GET|HEAD  api/user ..........................................................
  GET|HEAD  confirm-password ................ password.confirm › Auth\ConfirmablePasswordController@show
  POST      confirm-password ........................ Auth\ConfirmablePasswordController@store
  GET|HEAD  dashboard ....................................................... dashboard
  POST      email/verification-notification ....... verification.send › Auth\EmailVerificationNotificationController@store
  GET|HEAD  forgot-password ................ password.request › Auth\PasswordResetLinkController@create
  POST      forgot-password ................ password.email › Auth\PasswordResetLinkController@store
  GET|HEAD  login ................................ login › Auth\AuthenticatedSessionController@create
  POST      login .................................... Auth\AuthenticatedSessionController@store
  POST      logout ................ logout › Auth\AuthenticatedSessionController@destroy
  PUT       password ................ password.update › Auth\PasswordController@update
  GET|HEAD  profile ................ profile.edit › ProfileController@edit
  PATCH     profile ................ profile.update › ProfileController@update
  DELETE    profile ................ profile.destroy › ProfileController@destroy
  GET|HEAD  register ................ register › Auth\RegisteredUserController@store
  POST      register .................... Auth\RegisteredUserController@store
  POST      reset-password ................ password.store › Auth\NewPasswordController@store
  GET|HEAD  reset-password/{token} ................ password.reset › Auth\NewPasswordController@create
  GET|HEAD  sanctum/csrf-cookie ................ sanctum.csrf-cookie › Laravel\Sanctum › CsrfCookieController@show
  GET|HEAD  verify-email ................ verification.notice › Auth\EmailVerificationPromptController@__invoke
  GET|HEAD  verify-email/{id}/{hash} ............. verification.verify › Auth\VerifyEmailController@__invoke

                                                        Showing [25] routes
```

一覧には、HTTPメソッド、ドメイン以下のURL、ルート名、コントローラ名、メソッド名の順に、各ルート設定の内容が表示されます。

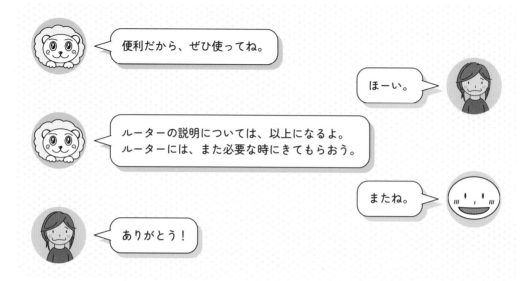

司令塔のコントローラの処理

次はコントローラを呼んでおいたよ。

何か用か？　忙しいんだが。

コントローラのことを教えてほしいんだ。
どんなふうに処理を書いたらいいかとか。

そんなことが聞きたくて、呼び出したのか。
俺は、あんたたちみたいにヒマじゃないんだよね。

むっ…

まあ、そういわずにちょっとだけ。

しょうがないなぁ。

　　次はコントローラの処理について解説します。コントローラはモデルやビューと連携して、各種処理を実行します。いわば、現場の司令塔のような役割を果たします。後のCHAPTERで色々なワザをお見せしていきますが、ここでは、ビュー画面を表示する方法だけご紹介します。

まずは、コントローラを作ってみましょう。

その前に、コントローラの名前のルールを説明します。Laravelでは、通常、**コントローラの名前はアッパーキャメルケースにします。**キャメルケースは、名前の区切り目部分に大文字を使う方法です。大文字部分がぼこぼこっとラクダのコブのように盛り上がって見えるため、キャメル（ラクダ）の名前がついています。アッパーキャメルケースは、区切り目部分だけではなく、最初の文字も大文字でする方法です。

▼アッパーキャメルケース

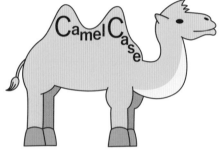

このアッパーキャメルケースに従って、今回作るコントローラ名は、**TestController**としましょう。下記コマンドを実行して、TestControllerを作成してください。

```
$ sail artisan make:controller TestController
```

コマンド実行後、app/Http/Controllersの中にTestController.phpファイルができます。

▶TestController 作成後の app/Http/Controllers

```
エクスプローラー                    ...    🐫 TestController.php  ✕

∨ TEST-PROJECT [WSL: UBUNTU]            app › Http › Controllers › 🐫 TestController.php
  ∨ app                              1    <?php
    › Console                        2
    › Exceptions                     3    namespace App\Http\Controllers;
    ∨ Http                           4
      ∨ Controllers                  5    use Illuminate\Http\Request;
        › Auth                       6
        🐫 Controller.php            7    class TestController extends Controller
        🐫 ProfileController.php     8    {
        🐫 TestController.php        9        //
        › Middleware                 10   }
                                     11
```

TestController.phpに下記のように3行のコードを追加して、resources/viewsの中のtest.blade.phpが表示されるようにします。

TestController.php

```php
class TestController extends Controller
{
    public function test() {
        return view('test');
    }
}
```

どのファイルを表示するかを指定

次に、resources/viewsの中に、test.blade.phpファイルを作り、下記のように「こんにちは」と文字をいれておきましょう。

▶ test.blade.php

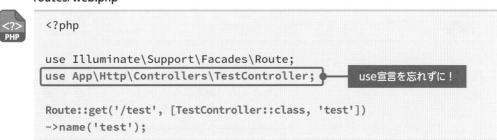

ルート設定も用意します。routes/web.phpファイルの中に、下記のルート設定を追加します。use宣言も忘れずにいれてください。

routes/web.php

```php
<?php

use Illuminate\Support\Facades\Route;
use App\Http\Controllers\TestController;

Route::get('/test', [TestController::class, 'test'])
->name('test');
```

use宣言を忘れずに！

以上で準備完了です。ブラウザのURLアドレス欄にhttp://localhost/testと入れると、下記画面が表示されます。

▶http://localhost/test表示

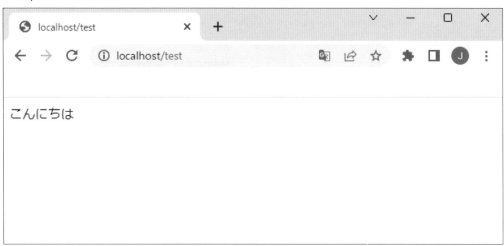

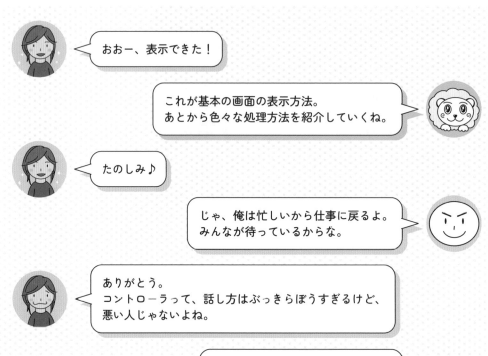

広報係のビューの処理

次は、ビューにいこう。

よろしくね★

ビューは、実は最初に知っておきたいことが
盛沢山なんだ。しっかりついてきてね。

わかった！

　Laravelでは、ビューに簡単なプログラミングコードをいれることもできます。またテンプレートファイルを使って、美しいページを手軽に作ることもできます。ビューファイルを使っていく上で知っておきたいことを順番に説明していきますね。

4-3-1 Blade 上でディレクティブを利用する方法

　CHAPTER 3でも書いた通り、ビューは、**Bladeというテンプレートエンジン**を使って作成します。Bladeではディレクティブという構文を利用でき、これによってプログラミングコードを入れることができます。利用できるディレクティブには、次のようなものがあります。

▶ビューで使えるディレクティブ例

ディレクティブ	使い方	説明
@if	@if(条件) 　　（コード） @elseif(条件) 　　（コード） @else 　　（コード） @endif	if 文を挿入可能。 @elseifと@elseは該当する条件がなければ、入れなくて良い。
@auth	@auth 　　（コード） @endauth	認証済み（ログイン後）のユーザー向けのコードを挿入可能。
@guest	@guest 　　（コード） @endguest	認証されていない（ログインしていない）ユーザー向けのコードを挿入可能。
@foreach	@foreach(配列名 as 値) 　　（コード） @endforeach	foreach 文を挿入可能。
@for	@for(条件) 　　（コード） @endfor	for 文を挿入可能。
@php	@php 　　（コード） @endphp	php 構文を挿入可能。

　実際に@forディレクティブを使ってみましょう。resources/views/welcome.blade.phpファイルを開きます。<body>タグの下に、下記コードを加えます。

welcome.blade.php

```
<body class="antialiased">
    @for ($i = 0; $i < 10; $i++)
        {{ $i }}、
    @endfor
```

　ブラウザのURLアドレス欄にhttp://localhostと入れると、下記画面が表示されます。for文が機能しているので、ページ上部に、0から9までの数字が表示されます。

▶ for文が反映されたトップページ

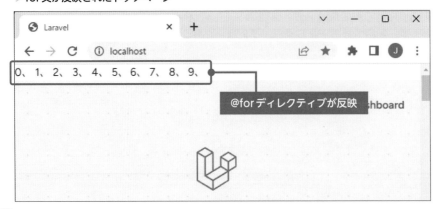

ディレクティブは、組み合わせることもできます。たとえば、welcome.blade.phpに次のように authディレクティブを追加してみます。

welcome.blade.php

```php
<body class="antialiased">
    @auth
        @for ($i = 0; $i < 10; $i++)
            {{ $i }}、
        @endfor
    @endauth
```

　ログインした状態であれば、ブラウザのURLアドレス欄にhttp://localhostと入れると、先ほどと同じように数字が表示されます。ですがログアウトすると、数字が表示されなくなります。

　ディレクティブは非常に便利な機能なので、開発の現場でも、よく使います。ぜひ使ってみてくださいね。後ほどforeachディレクティブを使ったコードもお見せしていきます。

　ちなみにディレクティブを使えばphpのコードも入れられますが、**ビュー側に不必要に長いコードを書くのは避けておきましょう。**サーバー側で可能な処理は、通常、コントローラに入れます。ビュー側ではその結果をブラウザで表示するページに埋め込むために、ディレクティブを書きます。

　なお、BladeのディレクティブやPHPのコードはサーバー側で実行されます。その結果、作成されたページがブラウザに送られてきます。

4-3-2　Blade 上で変数を利用する方法

　ビューファイル上では、変数を使うこともできます。**ビューで変数を利用する時は、二重波括弧で変数名を囲みます。**たとえば、**ログイン中のユーザーの名前を表示する場合には、{{ Auth::user()->name }}**といれます。

　先程使ったresources/views/welcome.blade.phpファイルで試してみましょう。@authの下に、次のようにコードを加えてみます。

welcome.blade.php

```php
<body class="antialiased">
    @auth
        <p>
            {{ Auth::user()->name }}さん、こんにちは。
        </p>
    @endauth
```

ログインしている状態でブラウザのURLアドレス欄にhttp://localhostと入れると、下記画面となります。「testさん」となっている部分には、ログインしているユーザーの名前が表示されます。

▶ {{ Auth::user()->name }}が反映されたトップページ

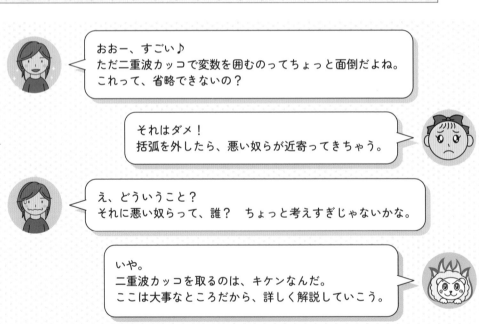

おおー、すごい♪
ただ二重波カッコで変数を囲むのってちょっと面倒だよね。
これって、省略できないの？

それはダメ！
括弧を外したら、悪い奴らが近寄ってきちゃう。

え、どういうこと？
それに悪い奴らって、誰？　ちょっと考えすぎじゃないかな。

いや。
二重波カッコを取るのは、キケンなんだ。
ここは大事なところだから、詳しく解説していこう。

　変数名を二重波括弧で囲む理由は、**エスケープ処理を行うため**です。エスケープ処理によって、**コードを文字列に変換できます。**PHPの場合には、htmlspecialchars()関数を使ってエスケープ処理を行います。Laravelの場合は、二重括弧を書くだけでエスケープ処理を行えるため、記述がラクです。

　なぜエスケープ処理が必要なのかといえば、セキュリティのためです。Webサイトは、誰でもアクセスできます。便利な反面、フォーム等を通じて悪意あるコードを入れられてしまうリスク

もあります。こういった攻撃を**クロスサイトスクリプティング（XSS）**と呼びます。

　たとえば、フォームを通じて、次のようにJavaScriptのコードを入れられたとしましょう。

▶ **フォームを通じて JavaScript コードを入れられた例**

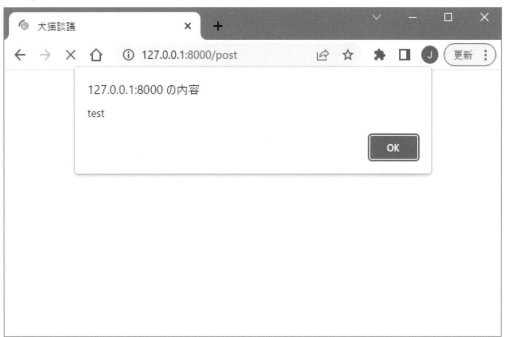

保存したデータを**エスケープ処理なしで表示すると、コードが実行されてしまいます。**

▶ **script が実行された画面**

つまりエスケープ処理をしていなければ、**悪意あるコードがWebアプリ上で実行されてしま**

う危険性があるのです。エスケープ処理をすると、先ほどのJavaScriptのコード内の開き括弧は"<"となり、閉じカッコは、">"となります。これによって、文字列として表示されます。

▶ エスケープ処理されてコードが表示された画面

ソースコード

二重波括弧をつけるのは、セキュリティのためだったんだね。

ちゃんと処理しておかないと、
ユーザーがキケンな目に合うかもしれないからね。

ビューさん、かわいい外見とは裏腹に、
ユーザーを守るために、戦っているんだね。えらい！

えへ。

 **ひとことアドバイス**

　エスケープ処理をせず、コードを反映させたい場合には、波カッコをひとつ減らして、エクスクラメーションマークを2ついれます。

```
{!!$body!!}
```

管理者しか入力できないデータを表示する時など、悪意あるコードを入れられる危険がない時に使うようにしましょう。

Component（コンポーネント）の利用

ところでビューさんに相談なんだけど。
Laravel で元からあるページって、キレイだよね。
どうやったら、あんなふうにページを作れるのかな。

任せておいて！
キレイなページを作るための部品は揃えてあるから。

え、ホント!?

Laravel Brereze をインストールすると、
見栄えの良いページを作るのに
便利な部品も入ってくるんだ。

詳しく説明するね★

　Laravelには、美しいページを作るためのテンプレートファイルがあります。さらにBreezeをインストールすると、resources/views/componentsの中にボタン部分などを構成するファイルができます。これらを使って、見栄えの良いページを作ることができます。使い方を説明していきます。

4-4-1　テンプレートとなる app.blade.php の使い方

　まずは**通常テンプレートとして使用するapp.blade.phpファイル**について説明します。app.blade.phpファイルは、resources/views/layoutsの中に入っています。

▶ app.blade.php

コードを見てみましょう。

app.blade.php(1〜18行目まで)

```php
<!DOCTYPE html>
<html lang="{{ str_replace('_', '-', app()->getLocale()) }}">
    <head>
        <meta charset="utf-8">
        <meta name="viewport" content="width=device-width, initial-scale=1">
        <meta name="csrf-token" content="{{ csrf_token() }}">

        <title>{{ config('app.name', 'Laravel') }}</title>

        <!-- Fonts -->
        <link rel="preconnect" href="https://fonts.bunny.net">
        <link href="https://fonts.bunny.net/css?family=figtree:400,500,600&display=swap" rel="stylesheet" />

        <!-- Scripts -->
        @vite(['resources/css/app.css', 'resources/js/app.js'])    ①
    </head>
    <body class="font-sans antialiased">
        <div class="min-h-screen bg-gray-100">
            @include('layouts.navigation')    ②
```

①について

　head部分には、スタイルシートやJavaSciprtファイルのリンクを入れます。こうすることで app.blade.phpをテンプレートとして使用したページでリンクを利用できます。デフォルトでは、 @viteで始まるコードが入っていますが、これによって、Tailwind CSSのスタイルやAlpine.jsを 利用できます。viteについては後ほど説明します。

②について

　@include('layouts.navigation')というコードが入っていますが、**@includeを使うと、指定した箇所のコードを丸ごと挿入できます。**ここでは、resources/layouts/navigationのコードを挿入しています。navigation.blade.phpファイルには、ナビゲーションバー部分のためのコードが入っています。

　この先のコードも見ていきましょう。

app.blade.php（20行目〜33行目まで）

```
                    <!-- Page Heading -->
                    @if (isset($header))
                        <header class="bg-white shadow">
                            <div class="max-w-7xl mx-auto py-6 px-4 sm:px-6
lg:px-8">
                                {{ $header }} ③
                            </div>
                        </header>
                    @endif

                    <!-- Page Content -->
                    <main>
                        {{ $slot }} ④
                    </main>
                </div>
```

③、④について

　③、④の部分は、**スロット**と呼ばれます。**スロットには、app.blade.phpをテンプレートして使用したページのコードが入ります。**

　app.blade.phpファイルをテンプレートとして使うには、下記のようにページを構成します。app.blade.phpの③{{ $header }}部分には、<x-slot name="header"></x-slot>部分が入ります。app.blade.phpの④{{ $slot }}部分には、その他のコードが入ります。

app.blade.phpファイルをテンプレートとして使う方法

```
<x-app-layout>
    <x-slot name="header">
        $headerに入る部分          {{ $header }}部分に入る
    </x-slot>
            そのほかの部分          ほかは {{ $slot }}部分に入る
</x-app-layout>
```

　なおapp.blade.phpファイルは、認証後（ログイン後）のユーザーに表示するページのテンプ

レートとして使われます。ログイン前のユーザー用ページはresources/layouts/guest.blade.phpファイルが使えます。

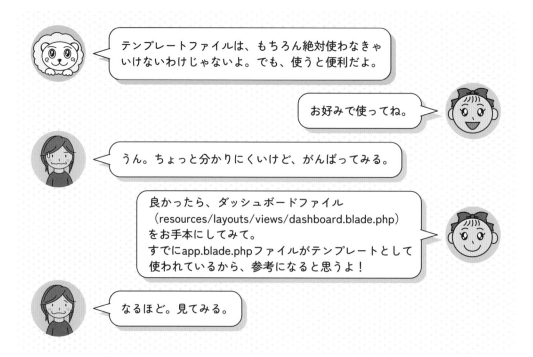

テンプレートファイルは、もちろん絶対使わなきゃいけないわけじゃないよ。でも、使うと便利だよ。

お好みで使ってね。

うん。ちょっと分かりにくいけど、がんばってみる。

良かったら、ダッシュボードファイル（resources/layouts/views/dashboard.blade.php）をお手本にしてみて。すでにapp.blade.phpファイルがテンプレートとして使われているから、参考になると思うよ！

なるほど。見てみる。

4-4-2　共通する部分を作れる component の使い方

次に、resources/views/componentsを見ていきましょう。Laravel Breezeをインストールすると、resources/views/componentsディレクトリが作られ、この中に次のようなファイルができます。

▶components

componentsファイルは**各パーツを作る時に便利な部品**のようなものです。componentsファイルの利用方法を説明します。たとえば、この中のprimary-button.blade.phpを使って、ボタンを作るとします。resources/views/dashboard.blade.phpに、次のように赤枠内の3行のコードを入れます。

dashboard.blade.php

```
<div class="py-12">
        <div class="max-w-7xl mx-auto sm:px-6 lg:px-8">
            <div class="bg-white overflow-hidden shadow-sm sm:rounded-lg">
                <div class="bg-white overflow-hidden shadow-sm sm:rounded-lg">
                    <div class="p-6 text-gray-900">
                        <x-primary-button>
                            ボタン
                        </x-primary-button>                    ボタン用コード
                    </div>
                </div>
            </div>
        </div>
    </div>
</x-app-layout>
```

ログイン後に、http://localhost/dashboard画面を表示すると、次のようにボタンが表示されます。

▶componentsで作ったボタンをブラウザに表示

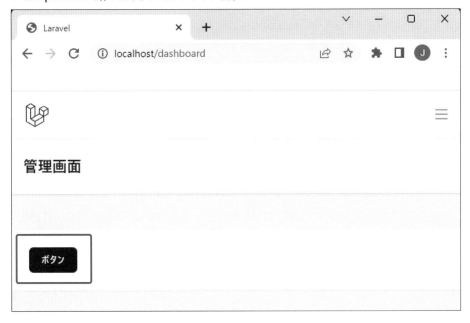

うーん。黒色かぁ。もっと違う色にしたいなぁ。
形も、もうちょっと大きい方がいいな。

そういう場合は、ちょっとアレンジをするといいよ。

え、アレンジできるの？

もちろん。
でもその前に、Tailwind CSSについて、少し知っておく必要があるね。
ボタンの色やサイズは、Tailwind CSSで指定してあるから。

4-4-3　Tailwind CSS とは

Laravel BreezeやLaravel Jetstreamといったユーザー認証ライブラリでは、Tailwind CSSがデフォルトのCSSフレームワークとして使われています。Laravelでは、以前はBootstrapがデフォルトのCSSフレームワークとして使われていました。ですがLaravel 8以降、Tailwind CSSに移り変わってきています。

CSSフレームワークとは、効率よくスタイルを設定するための道具箱みたいなものです。たとえば画像の上にスペースをいれたい場合、"margin-top: 1rem;"のようにスタイルを入れなければなりません。Tailwind CSSを使えば、classの中に"m-4"と入れるだけで良いのです。

先ほどのボタンの色や形が、Tailwind CSSでどのように指定してあるのか見てみましょう。ボタン部分のコードは、resources/views/components/primary-button.blade.phpに入っています。クラスの指定は、'class' =>から始まっています。

primary-button.blade.php

```
<button {{ $attributes->merge(['type' => 'submit', 'class' => 'inline-
flex items-center px-4 py-2 bg-gray-800 border border-transparent
rounded-md font-semibold text-xs text-white uppercase tracking-widest
hover:bg-gray-700 focus:bg-gray-700 active:bg-gray-900 focus:outline-
none focus:ring-2 focus:ring-indigo-500 focus:ring-offset-2 transition
ease-in-out duration-150']) }}>
    {{ $slot }}
</button>
```

クラス部分を赤色文字で表記しましたが、かなり長いですよね。Tailwind CSSでは、ひとつひとつのスタイルがクラス名に入っているため、**クラス部分が長くなるのが特徴**です。コードが見づらくなるものの、**どんなスタイルが入っているのかが分かりやすいというメリット**があります。

各クラスの意味を知るには、Tailwind CSSの公式マニュアルが役立ちます。

Tailwind CSS 公式サイト
https://tailwindcss.com/

▶ Tailwind CSS公式サイト

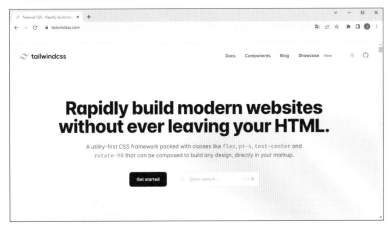

Tailwind CSS公式サイトの検索ボックスにクラス名を入れると、解説ページの候補が出てきます。解説ページの上部には、クラス名がどんなスタイルを意味しているかが書かれています。下図は、inline-flexの解説ページです。

▶ Tailwind CSS公式サイトのinline-flexを説明したページ

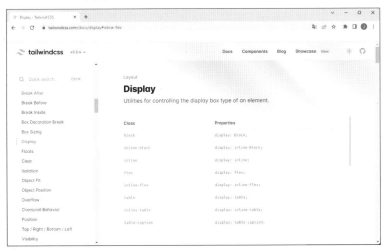

本書ではTailwind CSSのクラスがどんなスタイルを意味しているかの説明は割愛します。もし気になったら、Tailwind CSSの公式ページを使って調べてみてください。

ここからは、先ほどお見せしたボタンの色や形を変える方法を紹介します。primary-button.blade.php内の"gray"と書かれた部分を"green"に変えて、緑色のボタンにします。さらに、"text-xs"を"text-xl"として、文字のサイズを大きくします。

primary-button.blade.phpの色とサイズを変更

```php
<button {{ $attributes->merge(['type' => 'submit', 'class' => 'inline-
flex items-center px-4 py-2 bg-green-800 border border-transparent
rounded-md font-semibold text-xl text-white uppercase tracking-
widest hover:bg-green-700 focus:bg-green-700 active:bg-green-900
focus:outline-none focus:ring-2 focus:ring-indigo-500 focus:ring-
offset-2 transition ease-in-out duration-150']) }}>
    {{ $slot }}
</button>
```

primary-button.blade.phpを変更後、ログイン後にhttp://localhost/dashboardを表示すると、ボタン部分が真っ白に表示されます。そこで、別途Ubuntuまたはターミナルエディタを起動し、次のコマンドを実行してください。

```
$ sail npm run dev
```

再びブラウザを確認します。画面を再度読み込みなおすと、次のように、緑色になっています。

▶アレンジしたボタンをブラウザに表示

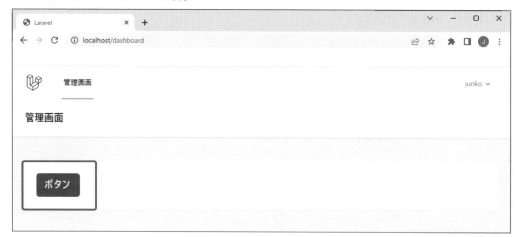

ボタンが変わったのは嬉しいけど、
さっきの呪文のようなコマンドって何？

アセットをコンパイルしたんだよ。

は？

ブラウザくんに見えるように、Laravel Viteで
コードを変換したの★　Laravel Viteは大事だから、
もうちょっと深堀していくよ！

お願い、ビューさん！

sail npm run devコマンドは、Laravel Sail以外の環境では、npm run devとなります。なおコマンド実行後、ロゴがかなり大きく表示されたり、レイアウトが崩れてしまったりした場合には、プロジェクト直下のvite.config.jsに、次の画面のようにコードを追加してみてください。

vite.config.jsに追加するコード

```
server: {
    hmr: {
        host: 'localhost',
    },
},
```

vite.config.jsにコードを追加した画面

```
JS vite.config.js ×
JS vite.config.js > [∅] default
 1  import { defineConfig } from 'vite';
 2  import laravel from 'laravel-vite-plugin';
 3
 4  export default defineConfig({
 5      plugins: [
 6          laravel({
 7              input: [
 8                  'resources/css/app.css',
 9                  'resources/js/app.js',
10              ],
11              refresh: true,
12          }),
13      ],
14      server: {
15          hmr: {
16              host: 'localhost',
17          },
18      },
19  });
20
```

4-4-4　Laravel Vite とは

Tailwind CSSのスタイルを反映させるには、コンパイルが必要になります。コンパイルとは、**特定の言語を用いて書かれたコードを、実行可能な他の言語に書き替えること**です。要するに変換作業が必要、と捉えておいてください。

　Laravel Viteは、このコンパイルを行ってくれるツールです。**フロントエンドビルドツール**と呼ばれたりもします。

Laravel Viteを使うには、**Node.jsが必要**になります。「Node.jsなんて入れた覚えがない」と思うかもしれませんが、Laravel Sailを使うと、Node.jsもデフォルトで入ってきます。

Node.js 公式サイト
https://nodejs.org/ja/

先程見てきたresources/views/layouts/app.blade.phpファイルには、次のコードが入っていました。

app.blade.php

```
@vite(['resources/css/app.css', 'resources/js/app.js'])
```

このコードによって、各ページにコンパイル済みのTailwind CSSのスタイルが反映されます。
上記のリンクは、resources/views/layouts/guest.blade.phpの中にも入っています。
　コンパイルを行う時のコマンドは、**sail npm run dev**となります。これによってLaravel Viteサーバーが起動し、Tailwind CSSのクラスがほぼリアルタイムでブラウザに反映されます。Laravel Viteサーバー起動中は、publicディレクトリの中にhotファイルができます。

▶ public/hot

```
∨ TEST-PROJECT [WSL: ...        public > ≡ hot
  > app                    1      http://localhost:5173
  > bootstrap
  > config
  > database
  > lang
  > node_modules
  ∨ public
    > build
    ⚙ .htaccess
    ★ favicon.ico
    ≡ hot
```

　なお、sail npm run devコマンドを実行すると、**他のコマンドを入力できなくなります。**そのため、このコマンドは**別途Ubuntuやターミナルを起動し、そこで実行する**ことをおすすめします。
　sail npm run devを止める場合には、Ctrl+Cキーをクリックしましょう。sail npm run devを止めると、Laravel Viteサーバーが止まります。すると、public/hotファイルも消えます。そして、**Tailwind CSSも反映されない状態**となります。開発中は、Tailwind CSSが反映されるよう、sail npm run devコマンドを実行したままの状態にしておきましょう。

本番環境に移行する前には、下記のコマンドを実行します。

```
$ sail npm run build
```

これによって、**public/buildの中に、コンパイル済みのファイルが作成**されます。このファイルを本番環境に設置すれば、開発環境で使用したTailwind CSSのスタイルを本番環境にも反映できます。

▶ sail npm run build実行後のpublic/buildディレクトリ

sail npm run devを実行する理由、分かってきた気がするよ。

ブラウザ側が、Tailwind CSSとか新しい技術には、
どうも対応してくれなくって。

昔は、ブラウザ側が理解できるCSSだけで、
スタイルを記述していたんだ。
でももっと便利にスタイルを表現したいと考える人がいて、
いろんなCSSのフレームワークが出てきた。こういった
新しい技術にブラウザ側が対応するのは大変すぎるんだよね。

だから、変換作業が必要になるってことだね。
新しい技術が増えると、対応が大変なんだね。深いなぁ。
ありがとう。ビューさんのおかげで、いろいろ学べたよ。

どういたしまして★
分からないことがあったら、また呼んでね。

CHAPTER 4のまとめ

☑ **ルーターについて**
ルート設定の書き方を説明しました。

☑ **コントローラについて**
コントローラにコードを入れ、ブラウザに簡単な画面を表示する方法を説明しました。

☑ **ビューについて**
ビューファイル内にプログラミングコードを入れる方法、テンプレートファイルの利用方法、コンポーネントファイルの利用方法を説明しました。Tailwind CSSを使ってスタイルを変更する方法もお見せしました。その中で、Laravel Viteの使い方や役割についても解説しました。

Laravelはバージョンによってコードの書き方が変わっていっている!?

CHAPTER 4で説明したコードの書き方の中には、以前は違う方法が採用されていたものがあります。そのため、以前書かれた記事や本を見ると、「あれ、どの書き方が正しいのだろう」と感じるかもしれません。そういったことがないよう、3つの項目について、以前の書き方もご紹介しますね。

ルート設定の書き方

CHAPTER 4でご紹介したルートの書き方は、Laravel 8以降採用されているものです。以前のバージョンでは下記の書き方がされていました。

Laravel 6、7のルート設定の方法

```php
Route::get('/user', 'UserController@index');
```

ビューのテンプレートの利用方法

以前は、resources/layouts/app.blade.phpファイルを利用するために、下記のように
にコードを入れる方法がデフォルトとなっていました。

Laravel 8までのapp.blade.phpファイルをテンプレートとして使う方法

```
@extends('layouts.app')
@section('content')
(コード)
@endsection
```

app.blade.phpファイルには、@yield('content')というコードが入っていました。この
@yield('content')の部分に、各ページの内容が入る形になっていました。

アセットのコンパイル方法

2022年の6月末から、Laravel Viteがデフォルトで使われるようになりました。その
前は、**Laravel Mix**が使われていました。使い方はほぼ同じですが、Laravel Mixの場
合にはnpm run devコマンド（Laravel Sailの場合は、sail npm run devコマンド）を
都度行わねばなりませんでした。リアルタイムでスタイルを反映させるには、npm run
watchコマンドを実行する必要がありました。

Laravel Viteになってから、より**スピーディにコンパイルを行える**ようになりました。

以上のように、少し前にデフォルトだった方法は、どんどん新しい方法に置き換わって
います。Laravelの開発スピードには驚かされます。

新しい方法が出たからと言って、既に運用中のプロジェクトのコードを書き替える必要
はありません。ですが新規プロジェクトを作る時には、新しい方法を試していきましょう。
参考とする記事や本も、**新しい方法に対応したものを使う**ことをおすすめします。

CHAPTER

5

∨

Laravelとデータベースの連携

Laravelでは、モデルを介してデータベースと連携していきます。データベースにテーブルを追加したり、テーブルの構造を変えたい時にはマイグレーションファイルを使用します。本章では、こういった場合の具体的なコードの書き方と、コマンドの入力方法を説明していきます。

CHAPTER 5を通じて、Laravelプロジェクトをデータベースと連携させながら、テーブルを作成したり、カラム（列）追加したり、削除したりできるようになります。

ここからは、データベースについて学んでおこう。
まずは、CHAPTER 2でも少し触れたけど、
データベースの作り方を説明するよ。

ほーい♪

　今回は、データベースについて学んでいきましょう。CHAPTER 2で、Laravel Breezeパッケージを入れた後にデータベースを作成する流れを解説しました。この流れを確認しながら、改めて、データベースについて詳しく見ていきましょう。

5-1-1　Laravelと連携できるデータベース

　まずはLaravelがサポートしているデータベースを確認しておきます。Laravelは、次のとおり、様々なデータベースをサポートしています。

- MariaDB 10.3+
- MySQL 5.7以上
- PostgreSQL 10.0以上
- SQLite 3.8.8以上
- SQL Server 2017以上

　上記の情報は変わる可能性があります。最新の情報は、Laravel公式マニュアルをご確認ください。

Laravel 公式マニュアル・データベース
https://readouble.com/laravel/10.x/ja/database.html

　本書で開発環境として使用しているLaravel Sailでは、MySQLがデフォルトで設定されています。CHAPTER 2で、phpMyAdmnを追加する方法を解説しました。phpMyAdminを使うと、データベースをブラウザ上で操作できます。

5-1-2　プロジェクトのデータベースの設定

　各データベースの設定は、プロジェクト内のconfig/database.phpの36行目あたり、connections以下に記載されています。mysqlについては、次のように書かれています。envとある部分は、別途.envファイルに入れておく必要があります。

config/database.php

```php
'mysql' => [
    'driver' => 'mysql',
    'url' => env('DATABASE_URL'),
    'host' => env('DB_HOST', '127.0.0.1'),
    'port' => env('DB_PORT', '3306'),
    'database' => env('DB_DATABASE', 'forge'),
    'username' => env('DB_USERNAME', 'forge'),
    'password' => env('DB_PASSWORD', ''),
    'unix_socket' => env('DB_SOCKET', ''),
    'charset' => 'utf8mb4',
    'collation' => 'utf8mb4_unicode_ci',
    'prefix' => '',
    'prefix_indexes' => true,
    'strict' => true,
    'engine' => null,
    'options' => extension_loaded('pdo_mysql') ? array_filter([
        PDO::MYSQL_ATTR_SSL_CA => env('MYSQL_ATTR_SSL_CA'),
    ]) : [],
],
```

　.envファイルを開いてみましょう。Laravel Sailの場合には、データベースの情報があらかじめ入っています。ユーザー名はsail、パスワードはpasswordとなっています。開発環境ではデフォルトの設定のままで問題ないでしょう。ですが**本番環境では、本番環境で利用するデータベースサーバーに合わせて、各値を変更する必要**があります。また**Laravel Sail以外の環境の場合は、自分でデータベースを作成し、.envファイルにデータベースの情報を入力する必要**があります。

.env

```
DB_CONNECTION=mysql
DB_HOST=mysql
DB_PORT=3306
DB_DATABASE=test_project
DB_USERNAME=sail
DB_PASSWORD=password
```

次に、モデルの役割を改めてみていこう。
実際にコードも入れてみるよ。

わたしも一緒に説明するわ。
よろしくね。

あ、モデルさん！
よろしくお願いします！

　次に、モデルの処理を説明していきます。モデルの役割はプロジェクトとデータベースをつなぐことです。具体的にどのような処理を行うのか、コードの書き方を見ていきましょう。**データベースからusersテーブルに入ったレコードを全て取得して、ビューに表示するまでの流れ**を解説していきます。

5-2-1　usersテーブルの中身を確認

　まずはusersテーブルの中身を確認しておきます。CHAPTER 2に沿ってプロジェクトをインストールして最後にマイグレートを実行すると、データベース内にusersテーブルが作成されます。

▶usersテーブル

usersテーブルにまだ登録ユーザーがない場合には、登録ページ（http://localhost/register）から、ユーザーを登録しておきましょう。

users テーブルからデータを取得する

CHAPTER 4で作成したapp/Http/Coontrollers/TestController.phpファイルを開きます。次のようにメソッド内を変更します。

TestController.php

```php
<?php

namespace App\Http\Controllers;

use Illuminate\Http\Request;
use App\Models\User; ①

class TestController extends Controller
{
    public function test() {      ②
        $users = User::all();
        return view('test', compact('users'));
    }                                       ③
}
```

コードを説明していきます。

①について

①は、**Userモデルファイルの場所を示したuse宣言**となります。ファイル上部には、ファイル内で使用するモデルの場所をuse宣言で記述しておきましょう。

②について

②は、**usersテーブルに入っているレコードを全て取得し、$users変数に代入する**ためのコードです。

③について

③は、**ビューファイルを表示する時に、$users変数も受け渡すためのコード**です。変数の受け渡しには、**compact関数**を使っています。

③について補足します。変数は、**配列の形でビュー側に受け渡す**こともできます。また、**with関数を使う**こともできます。

配列を使ってビューに変数を受け渡す場合のコード

```php
return view('test', ['users'=> $users]);
```

with関数を使ってビューに変数を受け渡す場合のコード

```php
return view('test')->with('users', $users);
```

5-2-3　@foreach ディレクティブでデータを一覧表示する

次にビューファイルも変更を加えておきましょう。こちらもCHAPTER 4で作成した resources/views/test.blade.phpファイルを使用します。ファイルに、**@foreachディレクティブ**を使って、次のコードを入れます。

test.blade.php

```php
@foreach($users as $user)
    <p>
    {{$user->name}}
    </p>
@endforeach
```
@foreach ディレクティブ

@foreachディレクティブによって、コントローラから受け取った$users変数内の要素をひとつひとつ取り出し、$userとします。各$userのnameを表示するには、{{$user->name}}と記述します。

5-2-4　ブラウザで確認

ルート設定は、CHAPTER 4で作成した testルートを使用しましょう。準備が整ったので、ブラウザで確認してみます。ログインをした状態でhttp://localhost/testを開くと、次の図のように、usersテーブル内のユーザー名が1行ずつ表示されます。

▶ユーザー名がブラウザに表示される

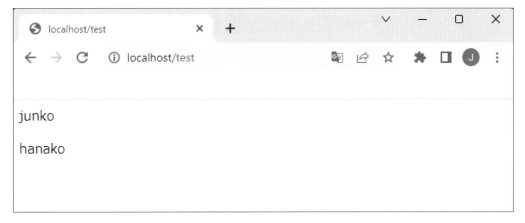

あ、名前が表示された！
なんかだ嬉しいな。

モデルはデータベースから値を取ってくるだけじゃ
なくて、保存したりもしてくれるんだよね。

そうね。あとは、テーブル同士を連携させたり、
特定のデータだけ指定して取ってきたり、
色々なことを頼まれるわ。

そのあたりも、後で説明するよ。
データベースに関することは、
とにかくモデルがいないと動かないんだよね。

なるほど。モデルさんも忙しいんだね。

データベースにテーブルを新規作成する方法も説明しておくね。
マイグレーションファイルを使っていくんだ。

面倒くさそうだね。データベースに直接テーブルを作っちゃってもいい？

それだけは、絶対にやめて！

は、はい。

データベースに直接テーブルを作ると、プロジェクトの管理がしにくくなるんだ。本番環境や、他の共同開発者との連携が難しくなったりとか。

データベース内のテーブルに変更を加えた後に問題が起こったりした場合、テーブルを元の状態に戻すのが面倒だったりもするわ。

なるほど。

　プロジェクトにテーブルを新規作成する時は、マイグレーションファイルを使います。マイグレーションファイルの作り方を解説します。なお**マイグレーションファイルを使わず、データベースに直接テーブルを作るのは、やめておきましょう**。プロジェクトとデータベースの連携が取りにくくなってしまいます。

5-3-1　マイグレーションファイルの作成

マイグレーションファイルを作成する場合は、次のようにコマンドを実行します。

マイグレーションファイルを新規作成する

```
sail artisan make:migration マイグレーションファイル名
```

マイグレーションファイルは、モデルとセットで作成できます。 その場合には、モデルを作成する際に、最後に-mをつけます。次のようにコマンドを実行します。

マイグレーションファイルの新規作成とモデルの新規作成を同時に行う

```
$ sail artisan make:model モデル名 -m
```

たとえばTestモデルとマイグレーションファイルを作成する場合には、上記の書式に沿って、次のコマンドを実行します。

```
$ sail artisan make:model Test -m
```

作成したマイグレーションファイルは、database/migrationsの中にあります。ファイルの中には、**upメソッドとdownメソッド**が記述されています。**upメソッドには、マイグレート実行時に行うこと**をいれます。テーブルを新規作成する場合には、テーブル内のカラム情報を設定していきます。**downメソッドには、処理を取り消す時に行うこと**を入れます。

upメソッド内には、idカラム（列）とtimestampsカラムの設定が最初から入っています。timestampsは、created_at(作成日時)カラムと、updated_at(編集日時)カラムを意味しています。テーブルに追加したいカラム情報を、idとtimestampsの間に設定していきます。

migrationファイルの構成

```
public function up(): void
{
    Schema::create('tests', function (Blueprint $table) {
        $table->id();
        $table->timestamps();
    });
}

public function down(): void
{
    Schema::dropIfExists('tests');
}
```

テーブル作成

カラム情報

テーブル削除

173

追加したいカラムは、次のルールでコードを記述します。

カラムの設定方法

```
$table->データ型('カラム名')->カラム修飾子
```

データ型と修飾子について説明します。まずデータ型についてですが、こちらは、格納するデータの型を設定します。マイグレーションファイルでよく使うデータ型は、次の表のとおりです。データベース内で使われるデータ型と名前が異なる場合もあります。

▶マイグレーションファイルでよく使うデータ型

マイグレーションファイルで 使うデータ型	データベース内の データ型	使用時・備考
integer	INTEGER	整数
string	VARCHAR	名前など短めの文字列 目安として 255 文字程度まで
text	TEXT	本文などの文字列 日本語なら 16,384 文字程度まで
longText	LONGTEXT	タグ等を含む文字列 目安として 1GB
unsignedBigInteger foreignId	符号なし BIGINT	他のテーブルの ID
boolean	BOOLEAN	true/false
date	DATE	日付
dateTime	DATETIME	日時

次にカラム修飾子についてですが、こちらは、カラムの設定に、補足情報を追加できます。よく使う修飾子には、次のようなものがあります。特にnullableは出番が多いです。

▶マイグレーションファイルでよく使うカラム修飾子

修飾子	使用時
nullable()	NULL 値を許容 入力されない可能性があるカラムに設定する
after('カラム名')	指定したカラムの後に設置する
default('値')	デフォルトで入れる値を設定する
unique()	カラムに重複した値を入れないようにする

　こういった設定を使って、実際にどのようにカラムを設定するのか見ていきましょう。例として、usersテーブルを使用します。usersテーブルのマイグレーションファイルは、database/migrationsの中の(日付)create_users_table.phpとなります。ファイル内のupメソッドには、次のようにカラムが設定されています。

(日付)create_users_table.php

```php
public function up(): void
{
    Schema::create('users', function (Blueprint $table) {
        $table->id();
        $table->string('name');
        $table->string('email')->unique();
        $table->timestamp('email_verified_at')->nullable();
        $table->string('password');
        $table->rememberToken();
        $table->timestamps();
    });
}
```

　emailカラムを例にとると、データ型はstringとなっています。カラム名はemailです。unique修飾子がついているので、重複した値が入らないようになります。このように、**マイグレーションファイルには追加したいカラムに応じて、データ型と修飾子を設定**します。

　実際のusersテーブルを見てみると、下図のように設定が反映されています。phpMyAdminの場合は、構造タブをクリックすると、カラムのタイプ（データ型）を確認できます。

▶ usersテーブルの構造

マイグレーションファイルの内容をデータベースに反映させるには、マイグレートコマンドを実行します。こちらは、CHAPTER 2でも紹介しました。

```
$ sail artisan migrate
```

マイグレートを実行すると、**データベース内のmigrationsテーブルに、マイグレートの実行記録が残ります。** migrationsテーブルの一番右の**batchカラム**には、**何回目のマイグレートコマンドによって処理が行われたかが表示**されます。

Laravel Breezeをインストールした後、マイグレートを実行すると、4個のテーブルが作成されます。この4個のテーブルのbatchカラムは、「1」です。その後、新たにマイグレーションファイルを作成してマイグレートを実行すると、batchカラムは「2」の値が入ります。

先ほどtestsテーブル用のマイグレーションファイルを作成しましたが、この状態でマイグレートコマンドを実行すると、testsテーブルができます。そしてtestsテーブルのマイグレーションのbatchカラムには、「2」が入ります。

▶ migrationsテーブル

間違えてマイグレートを実行した場合には、**batchごとに処理を取り消すことができます。** テーブルごとではなく、batchごとになる点に注意してください。マイグレートの取り消しは、次のロールバックコマンドを実行します。

```
$ sail artisan migrate:rollback
```

　testsテーブルを作成した場合は、ロールバックコマンドを実行して、testsテーブルを削除しておいてください。また、**ロールバック後は、database/migrationsの中に作成したtestsテーブル用のマイグレーションファイルも削除しておきましょう。**testsテーブルのマイグレーションファイルが残っていると、次回マイグレートを行った時に、testsテーブルが再び作成されてしまいます。ご注意ください。

　なお、batchごとではなく、すべてマイグレートを取り消すには、resetコマンドを実行します。

```
$ sail artisan migrate:reset
```

すべてのマイグレートを取り消した後、再度マイグレートを行うにはrefreshコマンドを実行します。

```
$ sail artisan migrate:refresh
```

　rollback、reset、refreshすべてに共通して言えることですが、**取消コマンドを実行すると、削除したテーブル内にあるデータも消えてしまいます。**コマンド実行時には、消してはいけないデータが入っていないか確認してください。

特に本番環境では、取消コマンドを実行する時には注意してね。

ほーい。なんだか怖いな。それにデータベースの作り方は、分かってきたけど、カラムの設定って、ちょっと大変そう。

最初はね。でも、よく使うデータ型やカラム修飾子は、わりと限られているから、実際にテーブルを作っていくうちに慣れるわ。

モデルさんにそう言ってもらえると、心強いな。

あとで実際に、いちからテーブルを作ってみよう。

うん。ちなみに、後からカラムを追加したい時とかは、どうするの？　毎回全部取り消して、テーブルを作り直すの？それとも、直接テーブルを編集して...

それだけは、絶対にやめてほしいわ！

は、はい。やめておきます！（またモデルさんを怒らせちゃった...）

 マイグレーションファイルで、カラムの追加や
削除もできるよ。方法を説明するね。

SECTION 5-4　テーブル構造の変更方法

カラムを追加したり削除したりして、作成したテーブルの構造を変える方法を説明します。

5-4-1　カラム（列）の追加

まずは、カラムの追加方法から始めていきます。次のルールでマイグレーションファイルを作成します。

コマンドの書式

```
sail artisan make:migration マイグレーションファイル名
--table=編集するテーブル名
```

例として、usersテーブルのemailカラムの横に、string型のtestカラムを追加してみましょう。ルールに沿って、次コマンドを実行します。ファイル名add_test_columnの部分は、お好みで変えてください。

```
$ sail artisan make:migration add_test_column --table=users
```

コマンド実行後、マイグレーションファイルを開きます。upメソッドには、追加するtestカラムの情報を入れます。downメソッドには、upメソッドの処理を取消した時の処理をいれます。今回はカラムを削除するdropColulmnメソッドを入れます。

testカラムを追加する時のマイグレーションファイル

```php
public function up(): void
{
    Schema::table('users', function (Blueprint $table) {
        $table->string('test')->after('email');
    });
}

public function down(): void
{
    Schema::table('users', function (Blueprint $table) {
```

追加するカラム情報

```
        $table->dropColumn('test');          追加したカラムを削除する処理
    });
}
```

テーブルをモデルと共に新規作成する場合にはdownメソッドは自動で設定されるので入力不要ですが、**テーブルの内容を後から変更する場合には、downメソッドにコードを入れる必要があります。** downメソッドに処理が入っていないと、マイグレートを取り消した時にエラーになるので、注意してください。

マイグレーションファイルを保存し、sail artisan migrateを実行すると、usersテーブルにtestカラムが追加されます。

▶ testカラムが追加されたusersテーブル

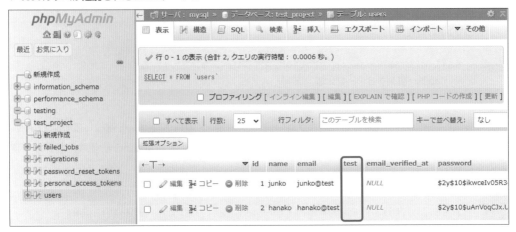

5-4-2 カラム（列）の削除

カラムを削除したい場合、先ほどご紹介したロールバックコマンドを実行しても良いのですが、マイグレーションファイルでも処理できます。たとえば、今作成したusersテーブルのtestカラムを削除するとします。まず、次のコマンドを実行してマイグレーションファイルを作成します。

```
$ sail artisan make:migration delete_test_column --table=users
```

database/migrationsの中にマイグレーションファイルができます。次のようにupメソッドにカラムを削除する処理を入れ、downメソッドに、削除をやり直す処理をいれます。

testカラムを削除する時のマイグレーションファイル

```php
public function up(): void
{
    Schema::table('users', function (Blueprint $table) {
        $table->dropColumn('test');
    });
}

public function down(): void
{
    Schema::table('users', function (Blueprint $table) {
        $table->string('test')->after('email');
    });
}
```

カラムを削除する処理

削除をやり直す処理

　sail artisan migrateを実行すれば、usersテーブルのtestカラムを削除できます。testカラム
を作成した場合には、上記の方法でtestカラムを削除しておいてください。

なるほど。upメソッドとdownメソッドは、
逆の処理を入れておけばいいってことだね。

そういうこと。

downメソッドに処理を入れ忘れちゃう人が
多いから、気を付けてね。

忘れちゃいそうだけど、気を付けます。

あとその何度もしつこいようだけど...。

分かってます。
モデルさんを困らせないように、データベースと
プロジェクトをちゃんと連携させていきます。

ありがとう

CHAPTER 5のまとめ

☑ **データベーステーブルの作成方法**
データベーステーブルをプロジェクトに設定する方法を解説しました。

☑ **モデルの基本処理**
データベースの値をビューに受け渡してブラウザ表示する流れを解説しました。

☑ **テーブルの新規作成方法**
マイグレーションファイルの編集と反映方法を解説しました。

☑ **既存テーブルにカラムを追加・削除する方法**
カラムを追加したり、削除したりするためのマイグレーションファイルの書き方を解説しました。

COLUMN

カラム（列）名を変更したり、カラムのデータ型を変えたりしたい時

本文中では、カラムの追加と削除方法を紹介しました。補足として、カラムの名前を変えたり、データ型を変えたりしたい時のマイグレーションファイルの書き方を紹介します。

カラム名を変える時

testカラムの名前をtrialカラムに変えたい場合には、次のように**renameColumnメソッド**を使って、コードをいれます。upメソッドの第一引数には変更前のカラム名をいれ、第二引数には、変更後のカラム名をいれます。downメソッドは、その反対です。downメソッドの第一引数には変更後のカラム名をいれ、第二引数には、変更前のカラム名をいれます。

testカラムの名前を'trial'に変更する時のマイグレーションファイル

```php
public function up(): void
{
    Schema::table('users', function (Blueprint $table) {
        $table->renameColumn('test', 'trial');
    });
}

public function down(): void
{
    Schema::table('users', function (Blueprint $table) {
        $table->renameColumn('trial', 'test');
    });
}
```

カラムのデータ型を変える時

testカラムのデータ型を変える場合は、**カラムを設定した後にchangeメソッド**を入れます。downメソッドでは変更前のカラム設定を入れた後に、changeメソッドを入れます。testカラムのデータ型をstringからtextにする場合には、次のようにマイグレーションファイルを記述します。

testカラムのデータ型を変更する時のマイグレーションファイル

```php
public function up(): void
{
    Schema::table('users', function (Blueprint $table) {
        $table->text('test')->change();
    });
}
public function down(): void
{
    Schema::table('users', function (Blueprint $table) {
        $table->string('test')->change();
    });
}
```

カラム修飾子を追加する時

カラム修飾子を追加する場合にも、change()メソッドを使います。testカラムにカラム修飾子nullable()を追加する場合には、次のようにマイグレーションファイルを記述します。

testカラムにカラム修飾子を追加する時のマイグレーションファイル

```php
public function up(): void
{
    Schema::table('users', function (Blueprint $table) {
        $table->string('test')->nullable()->change();
    });
}
public function down(): void
{
    Schema::table('users', function (Blueprint $table) {
        $table->string('test')->nullable(false)->change();
    });
}
```

CHAPTER

6

∨

投稿データの作成と保存

ここから、いよいよLaravelを使った本格的なプログラミングに突入です。

まずは、これまで覚えた知識を使って、フォームを作成していきます。フォームを通じて投稿された値をデータベースに保存する機能もつけましょう。保存後はセッションを使ってメッセージを表示させます。また、適切な値でなければエラーメッセージが表示されるといった実践的な処理も加えていきます。

それでは、始めていきましょう！

ひととおりコードの書き方も説明したし。
これまで学んだことを総動員して、
コードを組んでみよう。

どきどき。
できるかな。

大丈夫♪

間違えたら、教えてあげるから安心して。

俺たちがついているから、安心しろ。

ちゃんと、処理をわりふるよ！

ありがとう、みんな !!

それじゃ、始めていこう。
今回はフォームを作っていくよ。

　これまで、コードの書き方を個別に説明してきました。今回はルーター、コントローラ、ビュー、
モデルをすべて使って、件名と本文からなる次の図のようなフォームを作ってみましょう。

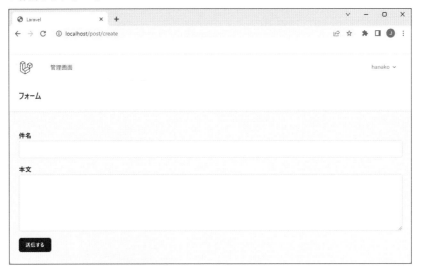

フォームを通じて投稿されると、**件名**に入力されたものはtitleカラムに、**本文**に入力されたものはbodyカラムに保存されるようにします。

下記の流れでコードを組んでいきましょう。

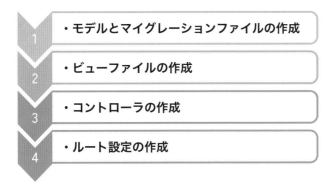

6-1-1 モデルとマイグレーションファイルを作成

まずは、モデルとマイグレーションファイルを作ります。下記コマンドを実行して、Postモデルとマイグレーションファイルを作ります。

```
$ sail artisan make:model Post -m
```

database/migrationsの中にできたマイグレーションファイルには、postsテーブルを作成するために、titleカラムとbodyカラムを設定していきます。

(日付)create_posts_table.php

```php
public function up(): void
{
    Schema::create('posts', function (Blueprint $table) {
        $table->id();
        $table->string('title');
        $table->text('body');
        $table->timestamps();
    });
}
```

マイグレートを実行します。データベースにpostsテーブルが作成されます。

```
$ sail artisan migrate
```

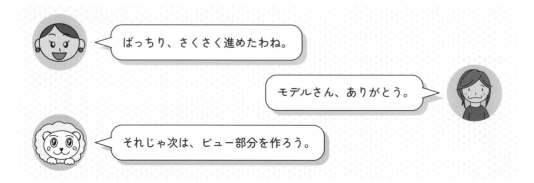

ばっちり、さくさく進めたわね。

モデルさん、ありがとう。

それじゃ次は、ビュー部分を作ろう。

6-1-2 フォーム用のビューファイルを作成

次にビューファイルを作ります。resources/viewsの中にpostフォルダを作り、その中に
create.blade.phpファイルを作ります。

▶ resources/views/post/create.blade.phpを作成

create.blade.phpファイルの中には、下記のコードを入れます。基本の構造は、**ダッシュボードファイル（resources/views/dashboard.blade.php）と同じ**です。

create.blade.php

```
<x-app-layout>
    <x-slot name="header">
        <h2 class="font-semibold text-xl text-gray-800 leading-tight">
            フォーム
        </h2>
    </x-slot>
    <div class="max-w-7xl mx-auto px-6">
        <form>
            <div class="mt-8">
                <div class="w-full flex flex-col">
                    <label for="title" class="font-semibold mt-4">件名</label>
                    <input type="text" name="title" class="w-auto py-2
                    border border-gray-300 rounded-md" id="title">
                </div>
            </div>

            <div class="w-full flex flex-col">
                <label for="body" class="font-semibold mt-4">本文</label>
                <textarea name="body" class="w-auto py-2 border
                border-gray-300 rounded-md" id="body" cols="30" rows="5">
                </textarea>
            </div>

            <x-primary-button class="mt-4">
                送信する
            </x-primary-button>
        </form>
    </div>
</x-app-layout>
```

今回のフォーム部分

フォームのデザインは、好きなように変えてね。

ほーい。

とりあえず見た目だけ作っておこう。
フォームを送信する機能は、
後でつけていくよ。

次にコントローラです。下記コマンドを実行して、PostControllerをつくりましょう。

```
$ sail artisan make:controller PostController
```

コマンド実行後、app/Http/Controllerの中のPostControllerを開きます。先ほど作成した resources/views/post/create.blade.phpファイルを表示するため、下記のようにcreateメソッドを記述します。

PostController.php

```php
class PostController extends Controller
{
    public function create() {
        return view('post.create');     post/create.blade.phpを表示
    }
}
```

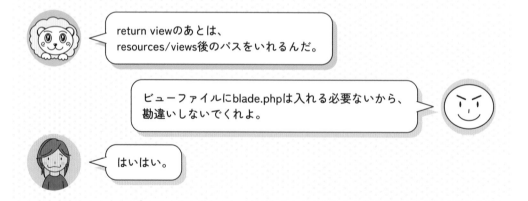

return viewのあとは、 resources/views後のパスをいれるんだ。

ビューファイルにblade.phpは入れる必要ないから、 勘違いしないでくれよ。

はいはい。

最後にルート設定の作成です。routes/web.phpの中に、下記のuse宣言とルート設定を加えておきましょう。

web.php

```php
use App\Http\Controllers\PostController;

（省略）

Route::get('post/create', [PostController::class, 'create']);
```

これまで記述したコードによって、次の流れが実現します。

1. ユーザーがログイン後にhttp://localhost/post/createにアクセスする
2. ルート設定により、PostControllerのcreateメソッドに処理が割り振られる
3. 処理が実行され、resources/views/post/create.blade.phpの内容がブラウザに表示される

実際にフォームが表示されるか、テストしてみてくださいね。

 おおー。フォームが表示された♪

それじゃ次は、フォームに入力した内容を
保存できるようにしていこう。

 うん！

投稿データの保存

今回は、モデル・ルート設定・ビュー・コントローラの順に進めていくよ。

投稿を保存する時も、すべてにコードを加えなきゃいけないの？ コントローラに保存用のコードを加えるだけでいいかと思った。

見えないところで、いろんな処理が必要なのさ。

よろしくね。

今回は、すごい大事なことを伝えていくよ★

がんばって！

ほーい。
なんだか、やることがいっぱいありそう。

　今回は、前回のフォームにコードを追加して、投稿内容をデータベースに保存できるようにしていきます。次の流れで処理を進めていきましょう。

1	・モデルに編集可能な要素を設定
2	・ルート設定の作成
3	・ビューファイルにフォーム送信用コードを追加
4	・コントローラに保存用の処理を記述

6-2-1 モデルに編集可能な要素を設定

まずはモデルファイルの編集です。先ほど作成したapp/Models/Post.phpファイルを開きます。**fillableプロパティ**を使って、一括で値を保存・更新したいカラムを設定します。今回は、titleとbodyカラムを入れておきます。

Post.php（fillableプロパティ使用）

```php
class Post extends Model
{
    use HasFactory;

    protected $fillable = [
        'title',
        'body',
    ];
}
```

fillableって、なんで必要なの？
こんなことせずに、
全部保存できるようにしておけばいいのに。

それは...ちょっとキケンだわ。

なにかと悪い奴らがいるからね。

fillableプロパティを使う理由は、**セキュリティのため**です。たとえばデータベーステーブルの中に、ユーザーの役割を設定するカラムがあるとしましょう。ユーザーがすべてのカラムに値をいれられるようにしておくと、この役割カラムの値を勝手に変更して、自分自身に管理者の役割をわりふるなど、悪用される恐れがあります。

Laravelでは、こうした事態を防ぐために、**fillableで設定した値以外は、一括保存・更新処理から除外するようになっています。**

ただfillableプロパティを使うとカラム名をひとつずつ設定するので、カラムの数が多い時は、入力するコードが増えてしまいます。カラム数が多い時には、**guardedプロパティ**を使うと良いでしょう。**guardedプロパティは、一括で保存・更新しないカラムを指定**します。たとえば、idカラム以外を一括で保存・更新可能にするには、下記のように記述します。

Post.php guardedプロパティ使用

```php
class Post extends Model
{
    use HasFactory;

    protected $guarded = [
        'id',
    ];
}
```

fillableはホワイトリスト、guardedはブラックリスト用に使う、と覚えておくといいわよ。

なるほど。前も思ったけど、Laravelって、セキュリティを大事にしているんだね。

6-2-2　投稿データ保存用のルート設定を追加

次に、ルート設定をいれておきます。routes/web.phpに下記を追加しましょう。

web.php

```php
Route::post('post', [PostController::class, 'store'])
->name('post.store');
```

6-2-3 フォームに @csrf とアクション属性を追加

次はビューファイルに追加するコードを解説していきます。resources/views/post/create.blade.phpのフォーム内に、下記の赤文字のコードを追記します。

post/create.blade.php

```php
<form method="post" action="{{ route('post.store') }}">
@csrf
    (省略)
</form>
```

まずformタグの中に加えたコードを見てみましょう。次のルールで記述しています。

formタグの書き方

```php
<form method=" post" action=" {{ route(' フォーム送信時のルート設定') }}">
```

フォームが送信されると、actionに指定したルート設定に沿って、処理が割り振られます。

次に@csrfについて解説します。こちらは、**クロスサイトリクエストフォージェリ (cross-site request forgeries) 攻撃**を防ぐために入っています。この攻撃は、頭文字をとって、CSRF（シーサーフ）と呼ばれます。

く、くろさいと？　シーサーフ？
さっぱり分からないんだけど。

これは、Laravelというよりもセキュリティに関する知識が必要だね。簡単に説明していくよ。

シーサーフによる攻撃がどういったものか、例を使って説明します。

たとえばユーザーがあるサイトにログインして、サイト内を閲覧しているとしましょう。この状態で、つい、悪意ある詐欺サイトをクリックしたとします。

攻撃者は、ユーザーのふりをして、ユーザーがログインしていたサイトに悪質な投稿をしたり、不正な送金を行ったりします。ユーザーは身に覚えがないことで責められたり、金銭的な負担を背負ったりすることになります。

　CSRFによる被害を防ぐには、**Webアプリによるワンタイムトークン発行が有効**です。トークンとは、1回だけ有効なパスワードのようなものです。ユーザーがWebアプリで投稿しようとする際に、トークンによる照合を行うことで、不正なリクエストの送信を防げます。

　Laravelでは、**フォームに@csrfの5文字を入れるだけで、ワンタイムトークンの仕組みを実装**できます。

なるほどー。@csrfの5文字にそんな深い理由があったとは。

ちなみに、@csrfをいれないと、エラーになって送信できないんだ。

つまり、シーサーフ対策をし忘れることがないってことだね。うっかりミスが防げそう。

6-2-4　投稿データ保存用のコードを記述

　ビュー部分を作成したので、最後に、**コントローラにフォームを通じて送信された値を、データベースに保存する処理**をいれていきましょう。

　6-1で作成したapp/Http/Controllers/PostController.phpファイルを開きます。ファイルの上部に、Postモデルを使用するためのuse宣言をいれます。さらにcreateメソッドの下にstoreメソッドを作成し、下記のコードをいれます。

PostController.php storeメソッド

```php
use Illuminate\Http\Request;
use App\Models\Post;
```
Postモデルを使うためのuse宣言

```
class PostController extends Controller
{
    (省略)

    public function store(Request $request) {    ①

        $post = Post::create([
            'title' => $request->title,
            'body' => $request->body          ②
        ]);

        return back();    ③
    }
}
```

storeメソッドのコードを説明していきます。

①storeメソッドの引数

Request $requestの部分で、フォームから送信されたデータを受取っています。引数の最初の部分Requestは、use宣言で使われているIllumiinate\Http\Requestを指定しています。

②Post::create

Postモデルに沿って、Postインスタンスを作成しています。作成したPostインスタンスの各要素に入れる値は、引数に直接配列で指定しています。

titleには、$request->titleを指定しており、フォーム内で、name="title"と指定された箇所に入力された値が入ります。

bodyには、$request->bodyを指定しており、フォーム内でname="body"と指定された箇所に入力された値が入ります。

③return

処理後に元のページに戻るように指定しています。

データベースに保存する処理は、モデルと連携してすすめているんだ。

モデルをもとにインスタンスを作って、一気に保存しちゃう形にしているわ。

へぇ... でも、モデルとインスタンスの関係が、イマイチわからないんだけど。

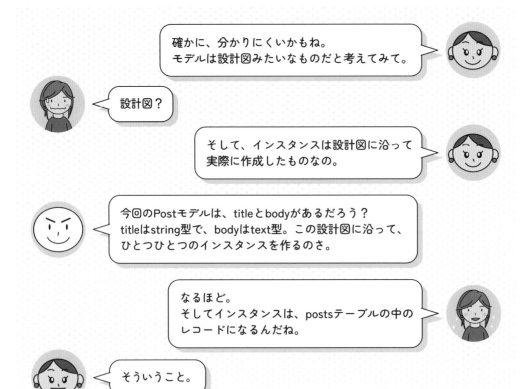

確かに、分かりにくいかもね。
モデルは設計図みたいなものだと考えてみて。

設計図？

そして、インスタンスは設計図に沿って
実際に作成したものなの。

今回のPostモデルは、titleとbodyがあるだろう？
titleはstring型で、bodyはtext型。この設計図に沿って、
ひとつひとつのインスタンスを作るのさ。

なるほど。
そしてインスタンスは、postsテーブルの中の
レコードになるんだね。

そういうこと。

　コードを記述したところで、一度テストしてみましょう。http://localhost/post/createにアクセスしてフォームに入力してみてください。保存した値は、データベースに登録されます。

▶フォームに値を保存してみる

なお、本文部分のカーソル箇所がずれてしまう場合には、**\<textarea\>\</textarea\>内に余計なスペースがはいっていないかチェック**してください。

わーい。保存できた、けど。
保存しても、表示が変わらないから、
本当に保存されたか不安になるね。

いいとこに気が付いたね。
ユーザーに保存したことを伝えなきゃ★

それじゃセッションを使って、
保存後にメッセージを出すようにしよう。

6-2-5　セッションを使って保存時のメッセージを表示

　セッションを使って、フォームデータが無事に送信された時には、メッセージを表示するようにしましょう。セッションを使うと、データを一時的に保存できます。

　まずは、app/Http/Controllers/PostController.phpのstoreメソッドのreturn部分の前に、下記コードを追加します。

PostController.php storeメソッド

```php
$request->session()->flash('message', '保存しました');
return back();
```

　上記コードでは、flashメソッドを使い、セッションにmessageを一時保存するようにしました。上記のコードは、下記のように簡潔に書くこともできます。

PostController.php storeメソッド

```php
return back()->with('message', '保存しました');
```

セッションって何か、
イマイチよく分からないんだけど。

セッションは一連の処理の流れと考えておいて。
セッションデータの中には、処理中に使ったデータが
一時的に保存されているんだ

でもそれって、Cookie（クッキー）と同じじゃない？
Cookieにも、データが保存されるよね。

似ているけど、ちょっと違う。
Cookieは、ブラウザにデータを一時保存するけど、
セッションはサーバー側にデータを一時保存するんだ。

なるほど。

　それでは次に、セッションを使ってこのmessageをビュー側に受け渡し、保存後にメッセージを表示するようにしましょう。resources/views/post/create.blade.phpファイルに下記コードを追加します。

post/create.blade.php

```php
<x-app-layout>
    <x-slot name="header">
        <h2 class="font-semibold text-xl text-gray-800 leading-tight">
            フォーム
        </h2>
    </x-slot>

    <div class="max-w-7xl mx-auto px-6">
        @if(session('message'))
            <div class="text-red-600 font-bold">
                {{session('message')}}
            </div>
        @endif
```

@ifディレクティブコードの意味は、「もしセッションの中にmessageが含まれていれば、セッションの中のmessageを表示する」となります。これで、保存後にメッセージが表示されるようになります。試してみてください。

▶保存後のメッセージ表示

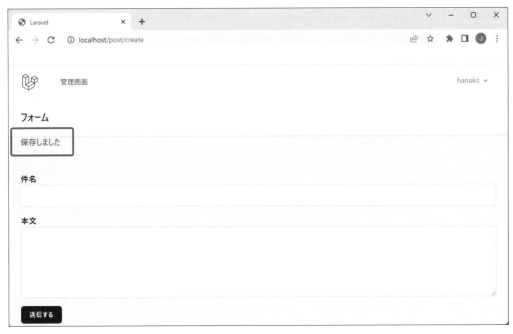

バリデーション処理の搭載

次はフォームにバリデーションを追加しよう。
適切な値以外は、保存されないようにできるよ。

入力エラーにしちゃうんだね。

変な値を入れてきて、みんなを苦しめるデータは、
エラーにして送り返してやる！

いや、そこまで言わなくっても …

フォームを通じて送信されたデータには、適切ではないものが入っている可能性があります。**バリデーションを設置し、データベースに保存する前にデータをチェック**するようにしましょう。

6-3-1 バリデーションで投稿時のデータをチェック

Laravelでは、バリデーションルールがあらかじめ用意されています。たとえば、次のようなものがあります。

▶ Laravelのバリデーションルール

バリデーションルール	チェックする内容
integer	整数値かどうか
max: 値	指定した値以下かどうか
min: 値	指定した値以上かどうか
required	値が入っているかどうか
size: 値	指定した値と同じサイズ / 文字数かどうか

他にも、様々なバリデーションルールがあります。公式マニュアルも参考にしてください。

Laravel 公式マニュアル：バリデーション

https://readouble.com/laravel/10.x/ja/validation.html

今回はrequiredとmaxを使ってバリデーションを設定していきます。先ほど作成したapp/Http/Controllers/PostController.phpのstoreメソッドに、コードを追加します。

PostController.php storeメソッド

```php
public function store(Request $request) {
    $validated = $request->validate([
        'title' => 'required|max:20',        // バリデーションの追加
        'body' => 'required|max:400',
    ]);

    $post = Post::create($validated);        // バリデーション後の値を設定
    return back();
}
```

これによって、件名や本文が入っていなければ、入力エラーとなります。また件名が20文字以上であったり、本文が400文字以上であったりした場合にもバリデーションエラーとなります。

バリデーションエラーがなかった場合には、バリデーション対象のデータが配列として$validatedに入ります。createメソッドの引数には、この$validatedを指定しています。

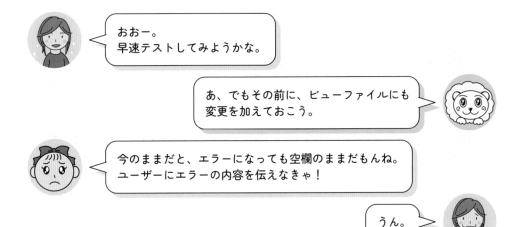

おおー。
早速テストしてみようかな。

あ、でもその前に、ビューファイルにも変更を加えておこう。

今のままだと、エラーになっても空欄のままだもんね。ユーザーにエラーの内容を伝えなきゃ！

うん。

ユーザーがフォーム送信後、もしバリデーションルールに引っかかってしまった場合には、ビューファイルにエラーの情報を表示するようにしましょう。また、エラー前に入力した値も保持されるようにしましょう。resources/views/post/create.blade.phpファイルに、下記のようにコードを追加します。

post/create.blade.php

```php
<form method="post" action="{{ route('post.store') }}">
    @csrf
    <div class="mt-8">
        <div class="w-full flex flex-col">
            <label for="title" class="font-semibold mt-4">件名</label>
            <x-input-error :messages="$errors->get('title')" class="mt-2" />
            <input type="text" name="title" class="w-auto py-2
            border border-gray-300 rounded-md" id="title"
            value="{{old('title')}}">
        </div>
    </div>

    <div class="w-full flex flex-col">
        <label for="body" class="font-semibold mt-4">本文</label>
        <x-input-error :messages="$errors->get('body')" class="mt-2" />
        <textarea name="body" class="w-auto py-2 border
        border-gray-300 rounded-md" id="body" cols="30" rows="5">
        {{old('body')}}
        </textarea>
    </div>

    <x-primary-button class="mt-4">
        送信する
    </x-primary-button>
</form>
```

赤枠部分がエラーを表示するためのコードとなります。**バリデーションエラーが起こると、ビュー側に$errors変数が受け渡される**ようになっています。この$errorsを表示するために、x-input-errorタグを使用しました。これによって、resources/views/componentsの中のinput-error.blade.phpファイルを使って、見栄え良くエラーを表示できます。なお、エラーは下記のように@foreachディレクティブを使っても表示できます。

エラー表示用のコード例

```php
@foreach ($errors->all() as $error)
    <li>{{ $error }}</li>
@endforeach
```

次に青枠部分ですが、ここには**old関数**が使われています。**old関数を使うと、バリデーションエラー前の値を残しておく**ことができます。

http://localhost/post/create にアクセスして入力してみましょう。わざとバリデーションエラーになるようにして、エラーメッセージがちゃんと表示されるか確認してみてくださいね。

▶バリデーションエラー表示例

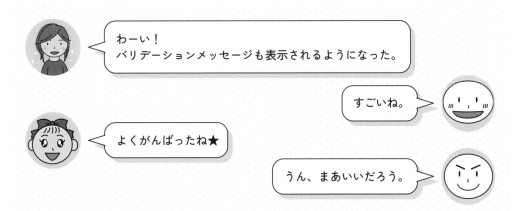

わーい！
バリデーションメッセージも表示されるようになった。

すごいね。

よくがんばったね★

うん、まあいいだろう。

おつかれさま。
でも、今のままじゃ、まだデータベースを
活用しきれていないわね。

え、そうなの？

そうだね。次はもっと、
データベースとの連携を深めていこう！

次回は、データベースから色々な形で値を取得する実践的な方法を紹介します。

CHAPTER 6のまとめ

☑ フォームの作り方
　モデル・ビュー・コントローラ・ルーターにコードをいれ、いちからフォームを作成する方法を解説しました。

☑ 投稿内容の保存方法
　フォームを通じて送信されたデータを、データベースに保存する方法を解説しました。保存後は、メッセージが表示されるようにしました。

☑ バリデーションの実装方法
　フォームを通じて送信されたデータを、バリデーションでチェックする方法を解説しました。ルールに沿わないデータが送信された時は、エラーメッセージを表示するようにしました。

COLUMN

カラムごとにデータを指定して保存する方法～コードの書き方はひとつじゃない～

　本文中では、フォームを通じて送信されたデータはcreateメソッドを使ってデータベースに保存しました。createメソッドを使うと、一気にデータを処理できて便利です。

PostController.php storeメソッドでcreate()を使った例

```php
public function store(Request $request) {
 （省略）
                                     createメソッドを使用
    $post = Post::create($validated);
    return back()->with('message', '保存しました');
 }
 }
```

　保存方法は、他にもあります。たとえばsaveメソッドを使うと、上記のコードは、下記のように記述できます。なおコードは、postsテーブルにuser_idカラムを追加する前の想定で記述しています。

PostController.php storeメソッドでsave()を使った例

```php
public function store(Request $request) {
 （省略）

    $post = new Post();
    $post->title = $validated['title'];
    $post->body = $validated['body'];
    $post->save();

    return back()->with('message', '保存しました');
 }
 }
```

Laravelは、色々な形でコードを書けるんだ。

柔軟なフレームワークなんだね。

 そうなんだ！
この柔軟さも、Laravelの魅力だね。
今の方法じゃ望む処理が書けないと思ったら、
コードの書き方を変えてみて。

CHAPTER

7

⌄

投稿データの一覧表示

ここでは、データベースから値を取得し、これをビューファイルに表示する方法を説明します。まずはデータベーステーブルから取得したデータを一覧表示するページを作っていきましょう。その後、モデルにリレーションを設定して、リレーション先のデータを取得・表示していきます。最後に、データベースから条件を付けてデータを取得する方法をお伝えします。

データベースからのデータの取得は、Webアプリ開発において重要な部分です。便利なワザをお伝えするので、今後の開発に活用してくださいね。

今回は、前回作ったフォームで保存したデータを
一覧表示させる方法を解説するよ。

一覧表示画面だね。

データベースとどんどん連携していくわよ。
連携部分は、わたしに任せて。

はーい！

　前回は、フォームを通じてデータベースに値を保存する方法を説明しました。今回は、データベースに保存した値を一覧で表示する方法を説明します。下図のような一覧画面を作っていきましょう。

▶一覧画面

今回は、下記の流れでコードを組んでいきます。

1 ・一覧画面用のルート設定を追加

2 ・postsテーブルのデータをすべて取得する処理を記述

3 ・一覧表示用のビューファイルを作成

7-1-1　一覧画面用のルート設定を追加

まずは一覧表示用のルート設定を作ります。routes/web.phpの中の前回作成したpost.store
ルート設定の下に、下記のルート設定を加えておきましょう。

web.php

```php
use App\Http\Controllers\PostController;

（省略）
Route::get('post', [PostController::class, 'index']);
```
　　　　　　　　　　　　　　　　　　　　　　　　　追加部分

7-1-2　posts テーブルのデータをすべて取得する処理を記述

次にコントローラです。前回作成したapp/Http/Controllersの中のPostControllerを使いま
す。下記のように、indexメソッドのコードを追加します。

PostController.php

```php
use App\Models\Post;
class PostController extends Controller
{
    public function index() {              postsテーブルのデータ取得
        $posts=Post::all();
        return view('post.index', compact('posts'));
    }
}
```

Post::all()と書くことで、Postモデルを介して、データベースのpostsテーブルの内容を取得で
きます。このデータ取得部分では、Eloquent ORMを使用しています。Eloquent ORMについて
は、7-3「条件に合ったデータだけを取得する方法」で詳しく説明します。

前ページのコードでは、取得したデータを$posts変数に代入した後、compact関数を使って、ビューファイルに、この$postsを受け渡しています。

次にビューファイルを作ります。前回作成したresources/viewsの中のpostフォルダの中にindex.blade.phpファイルを作ります。

▶ resources/views/post/index.blade.phpを作成

index.blade.phpファイルの中には、下記のコードを入れます。赤文字以外は、前回作成したフォーム（post/create.blade.phpファイル）と同じコードを使っています。

index.blade.php

```php
<x-app-layout>
    <x-slot name="header">
        <h2 class="font-semibold text-xl text-gray-800 leading-tight">
            一覧表示
        </h2>
    </x-slot>
    <div class="mx-auto px-6">
        @foreach($posts as $post)
        <div class="mt-4 p-8 bg-white w-full rounded-2xl">
            <h1 class="p-4 text-lg font-semibold">
                {{$post->title}}
            </h1>
            <hr class="w-full">
            <p class="mt-4 p-4">
                {{$post->body}}
            </p>
            <div class="p-4 text-sm font-semibold">
```

212

```
            <p>
                {{$post->created_at}}
            </p>
        </div>
    </div>
    @endforeach
  </div>
</x-app-layout>
```

foreach関数を使って、コントローラから受け取った$posts変数の値をひとつひとつ取り出した後、各$postの件名（title）、本文（body）、作成日（created_at）を表示しています。foreach関数は、こういった一覧表示画面で非常によく用いるので、使い方を覚えておいてください。

ファイルを保存したら、一度テストしてみましょう。http://localhost/postにアクセスして一覧画面が表示されるか、確認してください。

▶一覧画面

おおー。表示されてる！
データベースのデータって、簡単に取ってこられるんだね。

モデルのおかげだね。

あ、でもこれって、誰が投稿したか分からないと不便じゃない？
でも投稿者した人の名前って、
postsテーブルには入っていないから、表示できないのかな。

いいえ、簡単よ。
リレーション機能を使えばいいのよ。

リレーション？

ええ。PostモデルとUserモデルに
リレーションを設定したら、
お互いのテーブルデータを簡単に取ってこられるわ。

なんだか便利そう。
ぜひその便利なワザを教えて。

　一覧の中に投稿者の名前を表示するには、リレーションを使うと便利です。リレーションの設定方法について、解説をしていきます。

リレーションの設定方法

まずリレーションについて説明した後に、
実際に、リレーションを設定していくわね。

うん。

まずはリレーションとはどういったものか、見ていきましょう。

7-2-1 リレーションとは

リレーションとは、直訳すると「関係」という意味です。**モデル同士の間にリレーションを設定することで、データベーステーブルを関連づけられる**ようになります。今回のように投稿したユーザーの名前を表示させるには、**PostモデルとUserモデルにリレーションを設定**します。

ここで少し、PostモデルとUserモデルの関係性を考えてみましょう。ひとつのPost（投稿）は、一人のUserに紐づきます。一方、ひとりのUserは複数のPost（投稿）をもつ可能性があります。こういった場合、**1対多リレーション**を作っていきます。

▶ 1対多リレーションのイメージ図

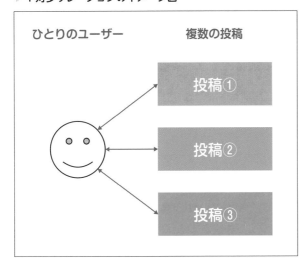

リレーションは、他にも**1対1リレーション**や、**多対多リレーション**があります。

1対1リレーションは、たとえばユーザーと、ユーザーのプロフィール情報を別々のテーブルに保存しているような時に使用します。1対1リレーションを使うと、ひとりのユーザーはひとつのプロフィールに紐づけられます。またひとつのプロフィールはひとりのユーザーにのみ紐づけられます。

▶ 1対1リレーションのイメージ図

多対多リレーションは、たとえばユーザーと役割情報を別々のテーブルに保存してあり、ひとりのユーザーが複数の役割を持つような時に使用します。多対多リレーションを使うと、ひとりのユーザーは複数の役割に紐づけることができます。またひとつの役割は複数のユーザーに紐づけることができます。

▶多対多リレーションのイメージ図

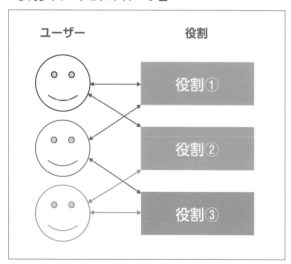

このようにモデル（テーブル）同士の関係性によってどのリレーションを使用するか決まります。また、リレーションによって設定に使用するメソッドも異なります。今回は1対多リレーションについて詳しく説明していきますが、リレーションの設定方法は他にもあることを知っておいてください。

なるほど。まずは、モデル同士がどんな関係になるかを決める必要があるんだね。

うん。リレーションによって、データベーステーブルの構造も変わるから、データベースの設計段階で、リレーションのことも考えておくといいよ。

うん。でも今回は、データベースを作る時にリレーションのことを考えていなかったね。大丈夫？

実は、大丈夫じゃないわ。
1対多リレーションを設定するなら、まずテーブルの構造を少し変える必要があるわね。

がーん。

大丈夫。そんなに難しくないわ。

7-2-2　リレーション用にテーブル構造を変更

　1対多リレーションでは、**「1」側のモデルを親モデル、「多」側のモデルを子モデル**と呼びます。子モデルのテーブルには、親モデルのid情報を格納したカラム（列）を入れるようにします。カラム名は、親モデル名に「_id」という接尾辞をつけます。

　今回の場合は、**postsテーブルの中に、user_idカラムを追加**します。**user_idカラムには、各postが紐づくuserのidを入れていきます。**

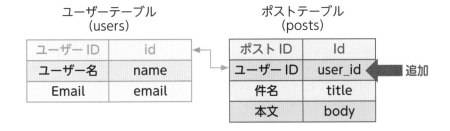

ユーザーテーブル（users）

ユーザー ID	id
ユーザー名	name
Email	email

ポストテーブル（posts）

ポスト ID	Id	
ユーザー ID	user_id	追加
件名	title	
本文	body	

既に作成済みのpostsテーブルにuser_idカラムを追加する手順を説明します。作成済みのテーブルにカラムを追加するには、まず下記の形式のコマンドを実行してマイグレーションファイルを作ります。

マイグレーションファイルの作り方

```
sail artisan make:migration ファイル名 --table=テーブル名
```

今回の場合はusersテーブルにuser_idカラムを追加するので、上記に沿って下記コマンドを実行しましょう。なお add_user_id_column_to_users_tableの部分は、お好きなように変更しても大丈夫です。

```
$ sail artisan make:migration add_user_id_column_to_posts_table
--table=posts
```

コマンド実行後、database/migrationsの中に**(作成日)_add_user_id_column_to_users_table.php**ファイルができます。ファイルを開き、upメソッドに下記のようにコードを追加しましょう。リレーション用に他のテーブルのid情報を入れるカラムを作る場合には、**foreignId**というデータ型を使用します。

(作成日)_add_user_id_column_to_users_table.php

```php
public function up(): void
{
    Schema::table('posts', function (Blueprint $table) {
        $table->foreignId('user_id');   ← 追加するコード
    });
}
```

さらに、downメソッドには次のコードを追加します。downメソッドは、マイグレーションを取り消す場合に使用されます。**dropColumn('カラム名')**とコードを入れることで、マイグレーションを取り消した時に、指定したカラムを削除できます。

(作成日)_add_user_id_column_to_users_table.php

```php
public function down(): void
{
    Schema::table('posts', function (Blueprint $table) {
        $table->dropColumn('user_id');   ← 追加するコード
    });
}
```

downメソッドにコードをいれておかないと、
マイグレーションを取り消した時に
エラーになっちゃうから気を付けてね。

うん。
でも、postsテーブルを作った時には、downメソッドに
コードを入れなかった気がするけど。なんで？

テーブルを新規作成したときには、downメソッドには、
自動でコードが入るんだ。

だけど今回のように、新たにカラムを追加したりするときには、
自分でdownメソッドにコードをいれなきゃいけないの。

なるほど。
Laravelは親切だけど、全部を任せきりにしておくと危険ってことだね。

　CHAPTER 5でもお伝えしたとおり、テーブルをモデルと共に新規作成した場合には、downメソッドには、テーブルを削除するコードが自動で入ります。ですが**テーブルの構造を後から変更した場合、downメソッドのコードは自分でいれる必要があります。**入れ忘れると、データベーステーブルの構成を元に戻せなくなります。元に戻したつもりでコードを書くと不具合の原因になりますし、再度マイグレーションを行うと、すでにカラムが存在するためエラーになるので注意してください。

　マイグレーションファイルを作成したら、sail artisan migrateコマンドを実行して、マイグレーションファイルの内容をデータベースに反映します。

```
$ sail artisan migrate
```

　追加したuser_idカラムには、**新しく投稿を作成した際に、作成したユーザーのidが入る**ようにします。そのために投稿内容を保存するためのメソッドにコードを追加する必要があります。app/Http/Controllersの中のPostController.phpのstoreメソッドに、次のコードを追加しましょう。

PostContoller.php

```php
public function store(Request $request) {
        $validated = $request->validate([
            'title' => 'required|max:20',
            'body' => 'required|max:400',
        ]);

        $validated['user_id'] = auth()->id();  ◀━━ 追加するコード

        $post = Post::create($validated);

        $request->session()->flash('message', '保存しました');
        return back();
    }
```

$validated['user_id']と入れることで、$validatedの中にuser_id情報を追加できます。auth()->id()は、ログインしているユーザーのid情報となります。

ファイルを保存したら、次にapp/Models/Post.phpファイルを開きます。fillableの中にuser_idを追加します。

Post.php

```php
protected $fillable = [
        'title',
        'body',
        'user_id'  ◀━━ 追加するコード
    ];
```

これで準備完了です。ブラウザにプロジェクトを開き、ログインします。フォーム投稿ページを開き、フォームを通じて投稿を行ってみましょう。なお、ログインしているuser_id 情報を追加するコードを入れたので、ログインしていないとエラーになってしまいます。

フォーム投稿ページ
http://localhost/post/create

▶フォームを通じて投稿をしてみる

　投稿を保存すると、データベースのpostsテーブルのuser_idカラムの中に、ログインユーザーのidが入ります。phpMyAdminにログインして、きちんとデータが入っているか確認しておきましょう。

▶投稿後のpostsテーブル

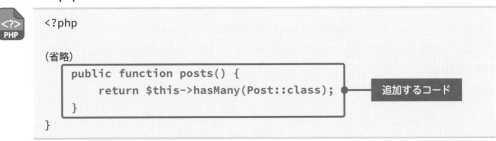

7-2-3　モデルにリレーションを設定

　テーブル構造を変えたところで、次に、リレーションの設定を行っていきます。まずはapp/Models/User.phpファイルを開きます。リレーション用に次のコードを Userクラスのメソッドとして追加します。

User.php

```php
<?php

(省略)

public function posts() {
    return $this->hasMany(Post::class);
}

}
```

追加するコード

ひとりのユーザー（User）は複数の投稿（Post）を持つ可能性があります。こういった場合には、**hasManyメソッド**を使います。

次にapp/Models/Post.phpファイルを開きます。リレーション用に、次のコードをPostクラスのメソッドとして追加します。

Post.php

```php
<?php

（省略）

public function user() {
    return $this->belongsTo(User::class);
}

}
```

追加するコード

ひとつの投稿（Post）はひとりのユーザー（User）に紐づきます。こういった場合には、**belongsToメソッド**を使います。

なお今回はリレーション設定時のメソッド名をposts、userとしましたが、メソッド名は変えても大丈夫です。ただ、メソッド名を通じてリレーション先のデータを呼び出すので、分かりやすい名前にしておくことをおすすめします。

ちなみに、belongsToの中の"s"を忘れる人が多いから、気を付けてね。

これって、三人称単数の"s"だよね。
プログラミングって、意外と英語力も役立つんだね。

7-2-4　リレーションを利用してコードを記述

ここまででリレーションを使う準備ができました。いよいよ、リレーションを利用してコードを組んでいきましょう。resources/views/postの中のindex.blade.phpファイルを開きます。次のように{{$post->user->name}}を追加します。これによって、$postに紐づいたuserの名前を取り出せます。

index.blade.php

```
@foreach($posts as $post)
<div class="mt-4 p-8 bg-white w-full rounded-2xl">
    <h1 class="p-4 text-lg font-semibold">
        {{$post->title}}
    </h1>
    <hr class="w-full">
    <p class="mt-4 p-4">
        {{$post->body}}
    </p>
    <div class="p-4 text-sm font-semibold">
        <p>
            {{$post->created_at}} / {{$post->user->name}}
        </p>
    </div>
</div>
@endforeach
```

追加するコード

コードを追加したら、実際にどのように表示されるか見てみましょう。ブラウザにプロジェクトを表示し、投稿一覧ページを表示します。投稿をしたユーザーの名前が表示されるのを確認してください。

投稿一覧ページ
http://localhost/post

▶投稿者名が加わった一覧ページ

なおコードを追加した後、投稿一覧をブラウザに表示しようとすると「Attempt to read property "name" on null」と出ることがあります。

▶エラー画面

ErrorException

Attempt to read property "name" on null

エラーメッセージの意味は、「nullのプロパティ"name"を読み込もうとしているよ」といった意味です。user_idカラムを追加する前に投稿したpostレコードには、user_id情報が入っていません。こういったレコードでは、{{$post->user->name}}コードを使ってユーザー名を取得しようとしても取得できないため、エラーになってしまいます。

エラーを解決するには、**user_idカラム追加前に登録したpostレコードを削除**しましょう。あるいは、{{$post->user->name}}の中に、下記のように**??'匿名'とコードを追加**することで、エラーを回避できます。これはPHPのNULL合体演算子という機能を使ったコードです。「もし該当するものがなければ匿名といれてね」という意味になります。「匿名」の部分はお好きなように変えてください。

index.blade.php

```php
<div class="p-4 text-sm font-semibold">
    <p>
        {{$post->created_at}} / {{$post->user->name??'匿名'}}
    </p>
</div>
```

投稿者の名前も出るようになったし。
一覧画面が大分良い感じになってきたね。

うん。
ところで今は posts テーブルの情報を全部載せているけど、条件にあった投稿だけ表示したりしたいな。

あら、いいわね。

でも、取ってくるデータに条件をつけたりするのって、大変だよね。

そうね。データベースからデータを取ってくるには普通は SQL を使わなきゃいけないものね。

やっぱり。SQL って難しそうだね。

あら、でも、Laravel なら SQL を書かなくてもいいのよ。クエリビルダや Eloruqent ORM を使えば、ラクにデータを取ってこられるわ。

そうなの？
クエリビルダとか、エロクとか、
よく分からないんだけど、ぜひ教えて！

エロクエント、だよ。
まずは SQL とクエリビルダと Eloquent ORM について説明していこう。

ここからは、データベースから条件に合わせてデータを取得する方法について解説します。DB にアクセスしてデータをやり取りするには**SQL**を使いますが、**Laravelでは、クエリビルダや Eloquent ORMを使って、簡単に必要なデータを取得できます。**まずはSQLとクエリビルダと Eloquent ORMの違いを見ていきましょう。

7-3-1　SQL とクエリビルダと Eloquet ORM の違い

　データベースからデータを取得するには、Webサーバーとデータベースサーバーを接続する必 要があります。データベースと接続した後、SQLを使ってデータを取得します。

　SQLでデータを取得する際には、次のような形でコードを記述します。

データを取得するSQLの書き方

```
SELECT 列の名前 FROM テーブルの名前 WHERE 条件;
```

　上記の書き方だとシンプルに見えますが、複雑な条件で取得しようとすると、SQLもどんどん 複雑になっていきます。Laravelでは、**クエリビルダを使うことで、SQLを簡単に組み立てるこ とができます。**また**Eloquent ORMを使うと、SQLを意識することなくよりシンプルにコード を記述できます。**

　CHAPTER 7の冒頭で投稿の一覧を表示するために下記コードを記述しましたが、こちらは Eloquent ORMを使ったコードとなります。

PostController.php

使用するモデルを宣言

```php
use App\Models\Post;
class PostController extends Controller
{
    public function index() {
        $posts=Post::all();
        return view('post.index', compact('posts'));
    }
}
```

postsテーブルのデータを取得

Eloquent ORMでは、**モデルを介してデータベースを連携することで、より簡潔なコードでデータベースと連携できる**のです。

同じコードをクエリビルダを使って記述すると、下記のようになります。

クエリビルダを使ったコード例

```php
use Illuminate\Support\Facades\DB;          ← 使用するファサードを宣言

(省略)
                                            postsテーブルのデータを取得
    public function index() {
        $posts = DB::table('posts')->get();  ←
        return view('post.index', compact('posts'));
    }
```

これでも十分短く書けていますが、Eloquent ORMと違ってテーブル名を毎回指定する必要があり、記述が冗長になります。またEloquentを使うと、先ほどお見せしたとおり、リレーションを使ったコードを書けます。先ほどはビューの中で{{$post->user->name}}とコードを記述しましたが、このように、リレーションを使うことで効率的にコードを書くことができます。

こういった理由から、**本書ではより簡潔に効率よくコードが書けるEloquent ORMを使ったコードを紹介**していきます。

なおEloquent ORMの**Eloquentは、「雄弁な」といった意味**があります。**ORMは、Object-Relational Mapperの頭文字を取ったもの**です。意味は「オブジェクトと関連するものをマッピングするもの」となります。「オブジェクト」とは、モデルを差します。関連するものは「モデルに関連するデータベース」です。つまりEloquent ORMは、**「モデルを使って、関係するデータベースとの対応付けを上手に行ってくれる機能」**を指します。

なんとなくEloquent ORMが分かってきた！

Laravelは、モデルのおかげでデータベースから効率よくデータを取ってこられるんだ。
これを利用しない手はないよね。

ふふ。ぜひ、わたしを使いこなしてね。

でも、どんなふうにモデルさんにお願いしたら、
望みのデータを取ってこられるの?

それじゃ次に、Eloquent ORMを使って、
条件に合ったデータを取得する方法を見ていこう。

7-3-2 where でデータを取得する条件を設定

　Eloquent ORMを使って、条件にあったデータを抽出する方法を説明します。データの取得条件を設定するには、**where句**を使います。**条件にあったデータをすべて取得する**には、最後に**getメソッド**を入れます。

条件に合ったデータを取得する書き方

```php
モデル名::where('条件をつけるカラム', '条件')->get();
```

　たとえば、ログインしているユーザーの投稿データだけを抽出したいとします。この場合は**「user_idカラムが、ログインしているユーザーのid(auth()->id())と同じpostsデータ」**を抽出するよう条件を設定します。データ抽出用のコードは次のようになります。

ログインユーザーの投稿データ取得

```php
Post::where('user_id', auth()->id())->get();
```

　このコードを実際に使ってみましょう。app/Http/Controllers/PostController.phpファイルのindexメソッドの$posts以下の部分に、上記コードを入れてみます。この状態で投稿の一覧ページを表示すると、ログインユーザーの投稿データのみが表示されます。

PostController.php

条件付きデータ取得

```php
public function index() {
    $posts=Post::where('user_id', auth()->id())->get();
    return view('post.index', compact('posts'));
}
```

　他にもwhere句を使って、各種条件を付けることができます。たとえば**条件に合わないデータだけを抽出する**には、次のように記述します。

条件に合わないデータを取得する書き方

```php
モデル名::where('条件をつけるカラム', '!=', '条件')->get();
```

このコードを実際に使ってみましょう。先ほどの逆バージョンで、**「ログインしているユーザー以外の投稿をデータ」**を抽出したいとします。データ抽出用のコードは次のようになります。

ログインユーザー以外の投稿データ取得

```php
Post::where('user_id', '!=', auth()->id())->get();
```

日付を使った抽出もできます。日付を使う場合には、**whereDate**を使います。条件より後の日付のデータを抽出したい場合は、whereDate句の中に**">"**を入れます。条件より後の日付のデータを抽出したい場合は、whereDate句の中に**"<"**を入れます。

日付条件に合ったデータを取得する書き方

```php
モデル名::whereDate('条件をつけるカラム', '>または<', '条件')->get();
```

たとえば「作成日が2022年12月2日以降のデータを抽出する」には、下記にようにコードを記述します。whereDate句の中に**">="を入れると「指定した日付以降」**、**"<="を入れると「指定した日付以前」**を条件にしてデータを抽出できます。

2022/12/2以降に作成された投稿データ取得

```php
Post::whereDate('created_at', '>=', '2022-12-02')->get();
```

where句には、他にも色々なバージョンがあります。下記の表でいくつかご紹介します。

▶**データを取得する際のwhere句**

メソッド	用途	例
whereBetween	2つの値の間	user_id が 1 から 5 whereBetween('user_id',[1, 5])
whereIn	指定値のいずれかを含む	user_id が 1 か 5 whereIn('user_id',[1, 5])
whereNull	NULL のデータ	user_id が null whereNull('user_id')
whereDate	日付条件を入れる	2022 年 12 月 2 日より後 whereDate('created_at', '>', '2022-12-02')
whereMonth	月条件を入れる	12 月より後 whereMonth('created_at', '>', '12')
whereDay	日にち条件を入れる	2 日より後 whereDay('created_at', '>', '2')
whereYear	年条件を入れる	2022 年より後 whereYear('created_at', '>', '2022')
whereTime	時間条件を入れる	9 時より後 whereTime('created_at', '>', '09:00')

7-3-3　複数のデータ取得条件を設定

データを取得する際には、**複数の条件を組み合わせることもできます。**たとえば、**「user_idカラムが1で、かつ、2022年12月2日以降」**のpostsテーブルのデータは、次のコードで取得できます。

複数条件での投稿データ取得例

```php
Post::where('user_id', 1)->whereDate('created_at', '>=', '2022-12-02')->get();
```

7-3-4　orderBy でデータの並べ替え

取得したデータは、並べ替えることもできます。デフォルトでは、データの並び順は作成日順となります。つまり、古い順になります。順番を変える場合には、orderByを使って次のようにコードを記述します。

並び順を変えてデータを取得する書き方

```php
モデル名::orderBy('条件をつけるカラム', 'desc')->get();
```

たとえば、postsテーブルのデータを作成日が新しい順に取得したい場合には、下記のようにします。orderByは、where句の後につけることもできます。

作成日を新しい順にしてデータ取得

```php
Post::orderBy('created_at', 'desc')->get();
```

7-3-5　first や find を使ってデータを取得

ここまでは最後に->get()を付けて、条件に合うデータを全て取得する形でコードを書いてきました。条件の取得方法は、getメソッド以外にもあります。

条件に合うデータをひとつだけ取得するには、firstメソッドを使います。たとえば2022年12月2日に作成された投稿データをひとつだけ取ってくるには、下記のようにコードを記述します。

2022年12月2日に作成された投稿データをひとつだけ取ってくる

```php
Post::whereDate('created_at', '2022-12-02')->first();
```

また、指定したidのデータを取得するには、findメソッドを使うと便利です。たとえば、idが1の投稿データを取得するには、次のようにコードを書きます。

idが1のデータを取得する

```php
Post::find(1);
```

firstやfindメソッドを使った場合には、データはひとつしか取得しません。そのためビューファイルではforeach関数を使ってデータを取り出す必要はありません。foreachを使うと、エラーになってしまいます。

以上、各種条件をつけてデータベースからデータを取得する方法を紹介しました。条件や取得方法を上手に組み合わせて、欲しいデータを取ってきましょう。

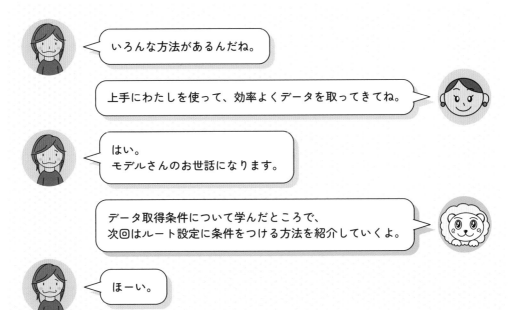

いろんな方法があるんだね。

上手にわたしを使って、効率よくデータを取ってきてね。

はい。
モデルさんのお世話になります。

データ取得条件について学んだところで、
次回はルート設定に条件をつける方法を紹介していくよ。

ほーい。

CHAPTER 7でお伝えしたこと

☑ 一覧画面の作り方

データベースからデータを取得し、foreach関数を使って、一覧表示画面を作る方法を説明しました。

☑ リレーションの設定方法と使い方

モデル同士にリレーション（関連付け）を設定する方法を説明しました。リレーション先のデータを取得して表示しました。

☑ データベースから条件をつけてデータを取得する方法

SQLとクエリビルダとEloquent ORMについて説明しました。Eloquent ORMを使って、データベースから各種条件をつけてデータを取得する方法を説明しました。

リレーション先のデータは、Eagerロードで取ってこよう

今回はリレーション先のテーブルのデータを表示する方法をご紹介しました。コントローラには、次のようにコードを記述しました。

PostController.php

```php
public function index() {
    $posts=Post::all();
    return view('post.index', compact('posts'));
}
```

ビュー側では、foreach関数を使って$postsデータをひとつひとつ取り出した後、リレーションを使って、各postを作成したユーザーの名前を表示しました。

post/index.blade.php

```php
<div class="mx-auto px-6">
    @foreach($posts as $post)
        (省略)
        {{$post->user->name}}
    @endforeach
</div>
```

この方法でも問題なく動作しますが、ただ、データベースへのアクセス回数が多すぎるというデメリットがあります。たとえば$postレコードが100個あった場合、その100個のデータは1回のDBアクセスで取得できるのですが、それぞれの投稿者の名前（user->name）を取得するために、foreachの中で毎回 userテーブルにアクセスする必要があります。つまり、合計100回もアクセスをすることになります。それほどアクセスがないWebアプリなら問題は発生しないでしょう。ただWebアプリの訪問者が多くなって負荷が高くなると、動作が遅くなる原因となります。

postと同時にuserのデータも一括で取得すれば、こういった事態を回避できます。そのためにはwithメソッドを使うと良いでしょう。withメソッドは、本書でメッセージを表示する時にも使用しましたが、その時に使用したものとは違うものです。

withを使うと先ほどのPostController.phpのindexメソッドのコードは、次のように記述できます。

PostController.php

```php
public function index() {
    $posts=Post::with('user')->get();
    return view('post.index', compact('posts'));
}
```

　上記のコードではリレーション先のデータもあらかじめ取得されます。これをEagerロード（積極的な読み込み）と呼びます。

　ビュー側では、先ほどと同じコードを使用できます。withメソッドを使うと、$postレコードが100個あった場合でも、もとのテーブルを取得した後、1回だけデータベースにアクセスすれば必要なデータを取得できます。つまり、負荷を大幅に減らすことができます。

100回のアクセスが1回で済むなんて、すごい！

そうなんだよ。
最初はデータベースのアクセスとか気にならないと思うけど、大事なところだから、覚えておいてね!!

うん。
背景が燃えているところから、大事さが感じ取れるよ。

8

ミドルウェアによるアクセス制限

ここではミドルウェアについてご紹介します。まずはミドルウェアの
役割について、見ていきましょう。その後、ユーザー一覧などの特定
のページを管理者ユーザーにしか表示されないようにしていきます。
最後に、Gate（ゲート）を使って、表示や動作に制限をつける方法
をご紹介します。
アクセス制限や動作の制限は、セキュリティを高める上で非常に重要
なポイントです。ご自身でWebアプリを開発する時のために、ぜひ、
CHAPTER 8でお見せする制限方法を覚えておいてくださいね。

ミドルウェアって何？

今回はミドルウェアについて学んでいこう。
リクエストを実行する前に、
処理を入れられるようになるよ。

うん。
良く分からないけど、便利そうだね。

よくわからないとは、どういうことかな？
見えにくいけど、ぼくたちの仕事も、
ちゃんと理解しておいてほしいものだね。

だ、だれ！？

あ、こちらミドルウェアのガードくん。
ミドルウェアの警備チームに属しているんだ。

よろしく。

はぁ。よろしくお願いします。
ただその、警備チームって言われても、
一体何のことか。

仕方ないな。
まずは、ぼくたちの仕事のことから、教えてあげよう。

お願いします。
（えらそうな感じで、ちょっとニガテだなぁ...）

Laravelでは、リスエストが実行される前後にミドルウェアの処理を入れることができます。ミドルウェアについて、まずはどんなものかを見ていきましょう。

8-1-1 ミドルウェアとは

ミドルウェアは、**リクエストがルート設定で割り振られた後、コントローラで処理を行う前、またはコントローラで処理を行った後に処理を実行**します。ミドルウェアを使った時の処理の流れを図にすると、次のようになります。

▶ミドルウェアを使った処理の流れ

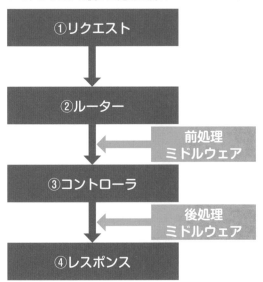

この図だけだと分かりにくいので、例を使って説明します。たとえば、あるWebアプリのトップページに、次の処理を行うミドルウェアを設定したとします。

● **認証済み（ログイン）ユーザーのみが次の処理にすすめる。**
● **ログインしていない場合はログインページにリダイレクトする**

「トップページを見てみよう」

このWebアプリのトップページに、ログインしていないユーザーがアクセスします。

ミドルウェアが設定されていなければ、ルーターが処理を割り振って、コントローラに処理が受け渡されて実行されます。これによって、ユーザーはトップページを見ることができます。

コントローラくん、
処理をよろしくね

ですが、「認証済み（ログイン）ユーザーのみが次の処理にすすめる」ミドルウェアが設定されていると、コントローラで処理が行われる前に、ミドルウェアの処理が実行されます。ログインをしていないユーザーはトップページを表示できず、ログインページにリダイレクトされてしまいます。

なるほど。
ログインしていないとリダイレクトされちゃう時ってあるけど、
ミドルウェアを使えば、こういう処理を搭載できるんだね。
ミドルウェアって、大事だね！

ちゃんと分かれば、いいんだ。

（えらそうな態度だなぁ）
ところで、ミドルウェアって、
どうやったら適用できるの？
自分でいちから作らなきゃいけないの？

いや、Laravelでは、よく使うミドルウェアは
最初から入っているんだよ。
ミドルウェアが確認できる場所をチェックしておこう。

8-1-2 ミドルウェアの設定場所

Laravelでは、プロジェクトの中のapp/Http/Kernel.phpの中にミドルウェア情報が設定されています。

▶ Kernel.phpの場所

Kernel.phpファイルの中には、下記のカテゴリに分かれて、ミドルウェアのパスが記述されています。

① デフォルトで有効なミドルウェア

② 指定したグループで有効なミドルウェア

③ 設定が必要なミドルウェア

Kernel.php

```php
<?php

namespace App\Http;

use Illuminate\Foundation\Http\Kernel as HttpKernel;

class Kernel extends HttpKernel
{
    protected $middleware = [
        ①デフォルトで有効なミドルウェア
    ];
```

```php
    protected $middlewareGroups = [
        ②指定したグループで有効なミドルウェア
    ];

    protected $middlewareAliases = [
        ③設定が必要なミドルウェア
    ];
}
```

①と②のミドルウェアは、最初から有効になっています。③のミドルウェアは、自分で設定が必要になります。ミドルウェアの3つのカテゴリについて解説します。

①デフォルトで有効なミドルウェア

Webアプリ全体で最初から有効なミドルウェアは、$middlewareに設定されています。通常は、意識することなく使用するミドルウェアとなります。

デフォルトで有効なミドルウェアがどんな処理を行うのか、少し見てみましょう。たとえば、この中に入っている**TrimStringsは、フォームを通じて投稿した時に、自動的に文字列の前後の空白を削除してくれるミドルウェア**です。

Kernel.php内のprotected $middleware

```php
    protected $middleware = [
        (省略)
        \App\Http\Middleware\TrimStrings::class,
        (省略)
    ];
```

▶ TrimStrings が有効な時

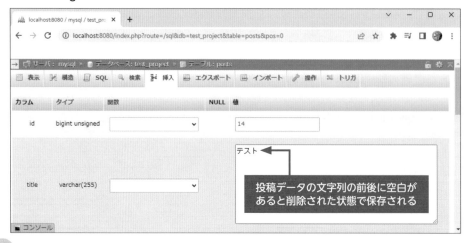

投稿データの文字列の前後に空白があると削除された状態で保存される

　Kernel.phpファイル内のTrimStringsのパスをコメントアウト、または削除すると、このミドルウェアの処理が無効になります。すると投稿データの文字列の前後に空白が入っていた場合、空白もデータベースに保存されるようになります。

▶ TrimStringsを無効にした時

　通常は、文字列の前後の空白は入っていないほうが良いですよね。このように、$middlewareカテゴリに登録されているミドルウェアは、すべてのWebアプリで共通して必要だと考えられる処理を行います。

②指定したグループで有効なミドルウェア

　指定したグループで有効なミドルウェアには、$middlewareGroupsに設定されています。ここには、**ルートファイルごとに有効なミドルウェア**が入っています。

Kernel.php内のprotected $middlewareGroups

```php
protected $middlewareGroups = [
    'web' => [
        routes/web.phpで有効なミドルウェア
    ],

    'api' => [
        routes/api.phpで有効なミドルウェア
];
```

　通常はroutes/web.phpファイルにルート設定を入れるので、'web'のミドルウェアが適用されます。routes/api.phpは、apiを使用する時などに使用します。

ここに入っているミドルウェアがどんな処理を行うのか、少し見てみましょう。たとえば、'web'の中に設定されている**VerifyCsrfToken**は、フォームを通じて投稿した時に、csrf対策を行ってくれます。

Kernel.phpのprotected $middleware

```php
protected $middlewareGroups = [
    'web' => [
        (省略)
        \App\Http\Middleware\VerifyCsrfToken::class,
        (省略)
    ],
```

　そのためには、フォーム内に@csrfと入れておく必要があります。csrf対策については、CHAPTER 6で解説しました。@csrfを入れ忘れると、フォーム送信時に419エラーになります。

▶ @csrfが入っていないフォームで保存を行った場合

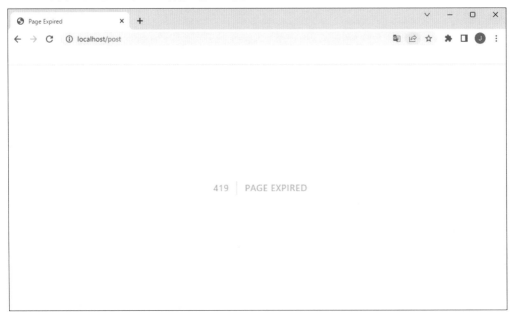

　Kernel.phpファイル内のVerifyCsrfTokenミドルウェアをコメントアウト、または削除すると、この処理が無効になります。つまりフォームに@csrfを入れなくても、保存ができるようになります。

　ですが@csrfを入れずに保存すると必要な対策が行われず、csrf攻撃にあう危険性があります。そのためLaravelは、web.phpに記載されたすべてのルートにVerifyCsrfTokenミドルウェアが適用されるように設定しているのです。

③設定が必要なミドルウェア

設定が必要なミドルウェアは、$middlewareAliasesに登録されています。**すぐ使える状態であるものの、使用するには、設定を行う必要があるミドルウェア**となります。

CHAPTER 8の最初に、「ログインユーザーでなければページを見れないようにする」ミドルウェアをご紹介しました。実はこのミドルウェアは'auth'という名前で、$middlewareAliasesの中に設定されています。

Kernel.php内のprotected $middlewareAliases

```php
protected $middlewareAliases = [
    'auth' => \App\Http\Middleware\Authenticate::class,
(省略)
];
```

$middlewareAliasesに登録されているミドルウェアを使うには、自分で設定を行う必要があります。たとえば authミドルウェアをwelcomeページに設定するには、routes/web.phpファイルのwelcomeページ用のルート設定に下記のようにコードを入れます。

web.php

```php
Route::get('/', function () {
    return view('welcome');
}) ->middleware('auth') ;
```
追加するコード

この状態で、Webアプリにログインしていない状態で welcomeページ（http://localhost/）を開いてみましょう。authミドルウェアによって、ログインページにリダイレクトされます。

おおー。
ミドルウェアの設定って簡単だけど、すごい高度なことができるんだね。

ちなみにguestミドルウェアを付けると、
ログインしていないユーザーしかアクセスできなくなるよ。

へぇ。
ミドルウェアって、Webアプリの訪問者を
しっかり誘導してくれる感じがするね。

まあね。

ミドルウェアで管理者のみが アクセス可能にする

最初からあるミドルウェアだけでは、足りない時もあるよね。そういう場合って、自分でミドルウェアを追加することもできるの？

もちろん、できるよ。

ミドルウェア仲間の増やし方を教えてあげるよ。

ぜひ！管理者だけがアクセスできるような制限をかけたいな。

オーケー

ミドルウェアは、自分で作成することもできます。 試しに、**特定のページは管理者（admin）ユーザーのみが見られるようにするためのミドルウェア**を作ってみましょう。

まずusersテーブルに、役割を入れるためのカラムを追加します。下記コマンドを実行して、マイグレーションファイルを作りましょう。

```
$ sail artisan make:migration add_role_column_to_users_table
--table=users
```

database/migrationsの中に**(日付)_add_role_column_to_users_table.php**ファイルができます。下記のように、roleカラム追加用のコードを追記します。

(日付)_add_role_column_to_users_table.php

```php
public function up(): void
{
    Schema::table('users', function (Blueprint $table) {
        $table->string('role')->after('name')->nullable();
    });
}

public function down(): void
{
    Schema::table('users', function (Blueprint $table) {
        $table->dropColumn('role');
    });
}
```

追加するコード

追加するコード

　以前カラムを追加する方法を説明しました。おさらいもかねて、実行してみてください。なお今回のように**->nullable()を付けると、NULL値を許容**します。**->after()を付けると、新しいカラムは、指定したカラム名の後に作成**できます。

　ファイルを保存したら、マイグレートを実行し、マイグレーションファイルの内容をusersテーブルに適用しましょう。

```php
$ sail artisan migrate
```

　データベースのusersテーブルに、roleカラムが追加されます。既に登録してあるユーザーの1人のroleカラムに、'admin'と入力しておきましょう。phpMyAdminのusersテーブル上でセルをダブルクリックすると、値を直接入力できます。

▶ usersテーブルのroleカラムに直接入力

□ すべて表示	行数:	25 ∨	行フィルタ:	このテーブルを検索		キーで並

拡張オプション

←T→			▼ id	name	role	email	email_verified_at	
□	🖊 編集	🔗 コピー ⊖ 削除	1 junko			junko@test	*NULL*	
□	🖊 編集	🔗 コピー ⊖ 削除	2 hanako					

NULL: □
ESC キーで編集をキャンセルします。
- Shift+Enter で改行します。

↑　□ すべてチェックする　　チェックしたものを:　🖊 編集　　🔗 コピー　　⊖ 削除

■ コンソール

▶ usersテーブルのroleカラムに'admin'と入力した後

次に、ミドルウェアを作ります。下記コマンドを実行して、RoleMiddlewareを作ります。

```
$ sail artisan make:middleware RoleMiddleware
```

app/Http/Middlewareの中に、RoleMiddleware.phpファイルができます。下記のようにコードを追加します。

RoleMiddleware.php

```php
public function handle(Request $request, Closure $next): Response {
    if(auth()->user()->role == 'admin') {
        return $next($request);
    }

    return redirect()->route('dashboard');
}
```
追加するコード

コードの意味は、**「ログインユーザーの役割（role）がadminなら、リクエストを実行する。そうでなければdashboardへリダイレクトする。」** です。

このミドルウェアを登録します。app/Http/Kernel.phpファイルを開きます。$middlewareAliasesの中に、下記のように、adminミドルウェアという名前で、作成したミドルウェアを追加します。

Kernel.php

```php
protected $middlewareAliases = [
    (省略)
    'admin' => \App\Http\Middleware\RoleMiddleware::class,
];
```
追加するコード

次にroutes/web.phpファイルを開きます。adminミドルウェアを適用させたいルート設定にコードを追加します。ミドルウェアを設定するコードは、次のとおりです。

ミドルウェアの設定方法

```
ルート設定->middleware('ミドルウェア名');
```

以前作成したpost/createルート設定に、adminミドルウェアを追加してみましょう。コードは、次のようになります。

web.php

```
Route::get('post/create', [PostController::class, 'create'])
->middleware('admin');
```

追加するコード

これで準備完了です。ミドルウェアが効いているかどうか、テストしてみましょう。

先ほどroleをadminに設定したユーザーとしてプロジェクトにログインし、post/createページを表示させてみてください。フォームの新規作成ページが表示されるはずです。ですが、roleをadminに設定していないユーザーとしてログインした場合、post/createページを表示しようとすると、dashboardページが表示されます。

フォーム新規作成ページ
http://localhost/post/create

▶ adminユーザーとしてログインすると表示されるページ

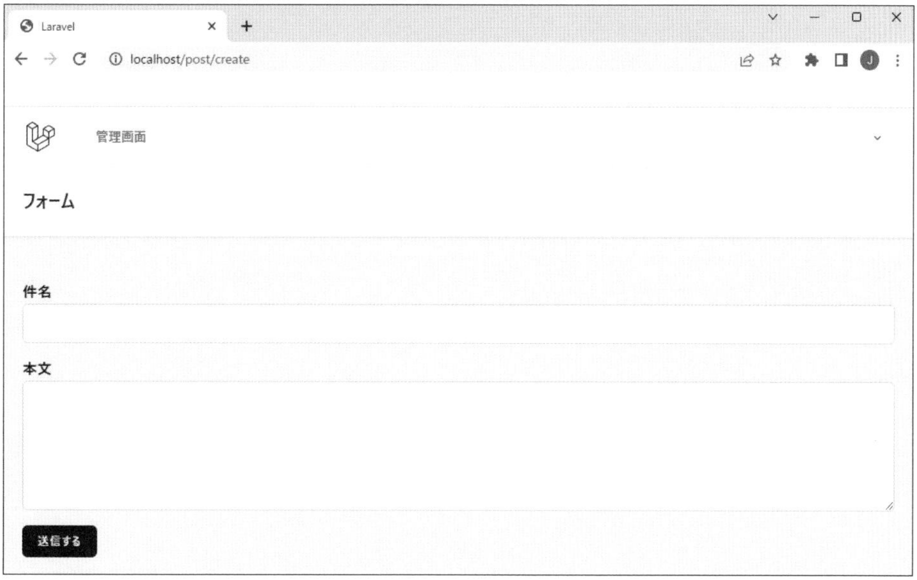

adminとしてログインしたら、ちゃんとフォームが表示された！
これなら、管理者専用ページが作れるね。
ミドルウェアって、やっぱりすごい。

まあね。

あれ、でも。
ログインしないでフォームを表示しようとすると、
エラーになっちゃう。なんでかな。

うまくいかない時は、まずコードを見返してみよう。

　今のままだと、ログインしていない場合にはエラーになります。というのも、RoleMiddleware
に、「ログインユーザーの役割（auth()->user()->role）がadminであれば」という条件文をいれ
たためです。ログインしていないユーザーとしてアクセスすると、ミドルウェアが必要な情報を
得られずにエラーになってしまうのです。

RoleMiddleware.php

```php
public function handle(Request $request, Closure $next): Response {
    if(auth()->user()->role == 'admin') {
        return $next($request);
    }

    return redirect()->route('dashboard');
}
```

▶ログインせずにpost/createページにアクセスするとエラーになる

　エラーを回避するには、ログインしたユーザーのみがpost/createページにアクセスできるようにしましょう。そのためにroutes/web.phpのpost/createルート設定に'auth'ミドルウェアを追加します。複数のミドルウェアを設定する場合は、下記のようにコードを書きます。

複数のミドルウェアの設定方法

```php
ルート設定->middleware(['ミドルウェア名', 'ミドルウェア名']);
```

　post/createルート設定に、'auth'と'admin'ミドルウェアを設定したコードは下記のとおりです。

web.php

```php
Route::get('post/create', [PostController::class, 'create'])
->middleware( ['auth','admin'] );  ← 複数のミドルウェアを適用
```

　これによって、ログインしていない状態でpost/createページを表示すると、ログイン画面が表示されるはずです。テストしてみてくださいね。

おおー。エラーがなおった。
ミドルウェアって、複数登録もできるんだね。

うん。複数のルート設定にまとめて
ミドルウェアをつけることもできるよ。

へえ。どうやるの？

　ミドルウェアは、複数のルート設定にまとめて設定することもできます。その場合は、次のようにコードを入れます。

複数のミドルウェアの設定方法

```php
Route::middleware('ミドルウェア名')->group(function () {
    (ルート設定)
});
```

たとえば、post/createとpost/indexルートに先ほどの'auth'と'admin'ミドルウェアを設定する場合は、次のようにコードを書きます。

 web.php

```php
Route::middleware(['auth','admin'])->group(function () {
    Route::get('post', [PostController::class, 'index']);
    Route::get('post/create', [PostController::class, 'create']);
});
```

ミドルウェアをかけたいルート設定

 こうしたら、管理者しか見られないページに、まとめてミドルウェアをかけられるね。便利だなぁ。

ちなみに、web.phpの中に同じルート設定が入っていると、コードが有効にならないことがある。エラーになったときは、チェックしてみてくれ。

 ガード君、最初はえらそうだと思ったけど、わりと親切だね。ありがとう。

えらそうは余計だよ。

 あ、つい心の声が。

Gate（ゲート）を使った動作や表示の制限

ところで、**動作の制限ってルート設定以外には**
かけられないのかな。
たとえば、ビューのところとか、コントローラとか。

できるよ。Gate を使えばいいんだ。

Gate は、門をくぐり抜けた者だけを認可する。
そうじゃない者は、ブロックするんだ。
僕たちとも連携できる機能さ。

へえ。Gate って、どういうふうに設定するの？

教えてあげよう。

　Laravelでは、アクセスや動作に制限をかける機能が他にもあります。使いやすいものとして、
Gate（ゲート）があります。Gateは「門」という意味です。訪問者が門を通れるかどうか判断
するかのように、**処理を実行できるかどうかを判断してくれる機能**です。

　まずはGateの設定方法を説明します。その後、ミドルウェアと組み合わせて使う方法や、ビュ
ーファイルやコントローラに制限をかける方法を紹介します。

8-3-1　Gate の設定

　app/Providersの中のAuthServiceProvider.phpファイルを開きます。Gateは、このファイ
ルに設定します。

　デフォルトでは、ファイル上部のGateのuse宣言が無効になっています。コメントアウトを外
し、有効にしておきましょう。また、ユーザーモデルを使うためのuse宣言を追加します。さら
にbootメソッド内に下記のようにコードを記述します。

AuthServiceProvider.php

```php
<?php

namespace App\Providers;

use Illuminate\Support\Facades\Gate;
use App\Models\User;
use Illuminate\Foundation\Support\Providers\AuthServiceProvider as
ServiceProvider;

class AuthServiceProvider extends ServiceProvider
{
        (省略)
    public function boot(): void
    {
        Gate::define('test', function (User $user) {
            if($user->id === 1) {
                return true;
            }
            return false;
        });
    }
}
```

use宣言を追加

Gate用のコードを追加

Gate用のコード内の'test'が、このGateの名前となります。User $userと引数が入っていますが、ここには**ログインしているユーザーの情報**が入ります。コードは**「ユーザーIDが1のユーザーならtrue、そうでなければfalse」**という意味になります。

次にデータベースのusersテーブルを開き、idが1のユーザーを確認します。

▶usersテーブルのidが1のユーザーを確認

これで準備完了です。このtestゲートを使っていきましょう。

8-3-2 ルートに Gate を付けてアクセスを制限

まずは作成したtestゲートをルート設定に適用します。ゲートをルート設定に適用するには、次のようにミドルウェアを記述します。

ゲートをルート設定に適用

```php
ルート設定->middleware('can:ゲート名');
```

routes/web.phpファイルのトップページ用のルート設定に、下記のようにtestゲートを設定してみましょう。

routes/web.php

```php
Route::get('/', function () {
    return view('welcome');
})->middleware('can:test');
```
testゲートを適用

ユーザーIDが1のユーザーとしてログインしてトップページを表示してみてください。無事表示されるはずです。

ですが他のユーザーとしてログインしてトップページを表示すると、**403 THIS ACTION IS UNAUTHORIZED**と表示されます。これは「この動作は許可されていません」という意味になります。動作を許可されていない場合には、このように403エラーが表示されます。

トップページ
http://localhost/

▶ 403 エラー画面

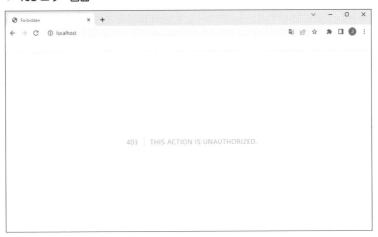

では次に、testゲートをビューファイルに適用します。

その前に、routes/web.phpに加えたtestゲートのミドルウェアを削除しておいてください。

routes/web.php

```php
Route::get('/', function () {
    return view('welcome');
});
```
← ミドルウェア削除

8-3-3 ビューに Gate を付けて表示を制限

Gateをかけたビュー部分に、Gateを使って動作の制限がかかるようにしていきましょう。そのためには、制限をかけたい部分を次のように@can〜@endcanコードで囲みます。

Gateをルート設定に適用

```php
@can('ゲート名')
    制限をかけたい部分
@endcan
```

実際に制限をかけてみます。resources/views/welcome.blade.phpファイルを開き、bodyタグの下に、下記のようにコードを入れます。

welcomoe.blade.php

```php
<body class="antialiased">
@can('test')
    テストゲート
@endcan
```
● 追加コード

ユーザーIDが1のユーザーとしてログインしてトップページを表示してみてください。「テストゲート」と表示されます。他のユーザーとしてログインしてトップページを表示すると、「テストゲート」は表示されません。

トップページ
http://localhost/

254

▶ユーザーIDが1のユーザーとしてトップページを表示した時の画面

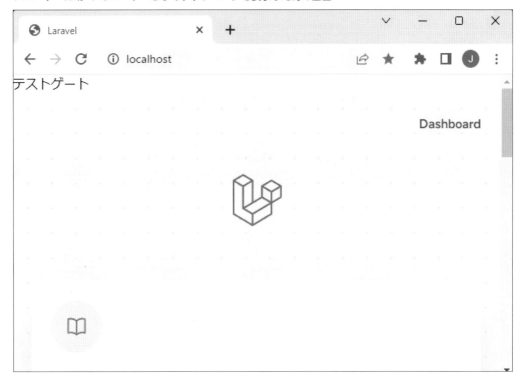

8-3-4 コントローラに Gate を付けて動作を制限

　最後に、Gateをコントローラに適用させる方法を説明します。Gateによって、ユーザーIDが1のユーザーしか投稿を保存できないようにしてみます。

　まずはroutes/web.phpを開き、先ほど設定した'auth'と'admin'ミドルウェアを削除するか、無効にしておきます。

web.php

middlewareを削除

```php
Route::middleware(['auth','can:admin'])->group(function () {
    Route::get('post', [PostController::class, 'index']);
    Route::get('post/create', [PostController::class, 'create']);
});
```

　app/Http/ControllersのPostController.phpを開きます。ファイルの上部にGateを使用するためのuse宣言を入れます。さらにstoreメソッドに下記のようにコードを加えます。

PostController.php

```php
<?php
namespace App\Http\Controllers;
use Illuminate\Support\Facades\Gate;    ← use宣言追加
(省略)
public function store(Request $request) {
        Gate::authorize('test');    ← 追加コード

        $validated = $request->validate([
            'title' => 'required|max:20',
            'body' => 'required|max:400',
        ]);

        $validated['user_id'] = auth()->id();

        $post = Post::create($validated);

        $request->session()->flash('message', '保存しました');
        return back();
    }
}
```

　これで、ユーザーIDが1のユーザーとしてログインした場合のみ、フォームから投稿したデータを保存できるようになります。他のユーザーがフォームを投稿しようとすると、403エラーとなります。

　ユーザーIDが1のユーザーとして、また、そのほかのユーザーとして新規投稿フォームに投稿を行って、動作の違いを確認してください。

新規投稿フォーム
http://localhost/post/create

▶新規投稿フォーム

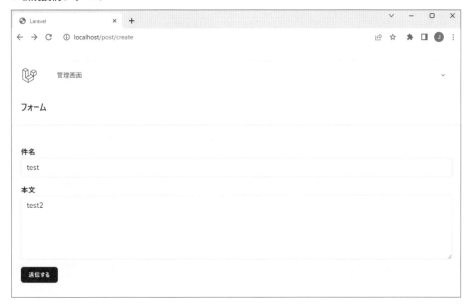

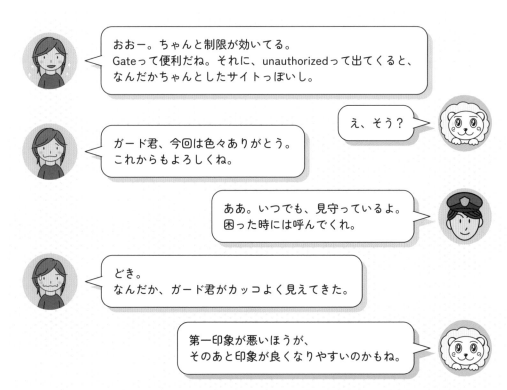

　ミドルウェアやGateといった動作の制限を行う方法を見てきました。次回はまた投稿フォームの処理に戻って、投稿の編集・削除といった機能の搭載方法をお伝えします。

CHAPTER 8でお伝えしたこと

☑ **ミドルウェアについて**

　Laravelにおいて、ミドルウェアがどんな役割を果たしているのか、実際の処理をお見せしながら説明しました。

☑ **ミドルウェアの作成方法**

　管理者（admin）の役割をもったユーザーのみが次の処理にすすめるミドルウェアを作成しました。ミドルウェアを新規作成する方法や、ルートに設定する方法を説明しました。

☑ **そのほかの動作の制限方法**

　Gateを使って、ルート設定や、ビューファイルや、コントローラに動作の制限をかける方法を説明しました。

要注意！ Vendorディレクトリの中は直接編集しないこと

今回はミドルウェアについて説明をしてきました。CHAPTER 8で、VerifyCsrfTokenミドルウェアを紹介しました。

Kernel.phpのprotected $middleware

```php
protected $middlewareGroups = [
    'web' => [
        (省略)
        \App\Http\Middleware\VerifyCsrfToken::class,
        (省略)
    ],
```

このミドルウェアは、app/Http/Middleware/VerifyCsrfToken.phpの中に入っています。ファイルを開くと、下記のようなっています。ここには、csrf対策から除外したいパスを入れることができます。たとえば"ドメイン/stripe"で始まるパスを除外したい場合には、下記のようにコードを入れます。

VerifyCsrfToken.php

```php
<?php

namespace App\Http\Middleware;

use Illuminate\Foundation\Http\Middleware\VerifyCsrfToken as
Middleware;

class VerifyCsrfToken extends Middleware
{
    protected $except = [
        'stripe/*',
    ];
}
```

csrf対策除外以外のコードは、Illuminate\Foundation\Http\Middleware\VerifyCsrfTokenファイルの中に書かれています。この場所がどこになるのか、見ていきましょう。

Illuminateは、vendor/laravel/framework/src/Illuminateを指しています。

そしてIlluminate\Foundation\Http\Middleware\VerifyCsrfTokenは、vendor/laravel/framework/src/Illuminate/Foundation/Http/Middleware/VerifyCsrfToken.phpを指しています。

▷ vendor/laravel/framework/src/Illuminate/Foundation/Http/Middleware/VerifyCsrfToken.php

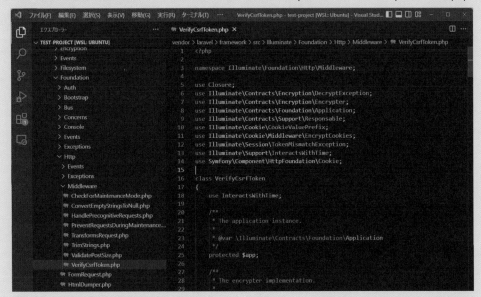

　かなり深い階層ですよね。**vendorは、他にもライブラリ等の元々の情報が入っている非常に大事な部分となります。**

　もし「ライブラリの元々のコードを少し変えたいな」と思っても、**vendor内のファイルを直接編集してはいけません。**なぜかというと、プロジェクトを本番環境に反映させる時には、vendor内のファイルを持っていかないためです。本番環境では、プロジェクト内のcomposer.lockファイルの情報に従って、ライブラリの大元から、必要なファイルをインストールします。そのため、**vendor内のファイルを編集しても、本番環境に反映されない**のです。

　ではvendor内に書かれているコードを変えたい時はどうするのかというと、同じ名前のメソッド等をプロジェクトディレクトリにコピーして、オーバーライド（上書き）を行います。オーバーライドの方法は、状況によって異なります。また応用的なお話になるので、ここでは詳しく説明しません。現時点では「vendorの中は直接編集してはいけない」という点をぜひ覚えておいてください。

9

データの個別表示・編集・削除処理の搭載

データの作成や編集に関する一連の処理をCRUD（クラッド）と言います。データを扱うWebアプリでは、CRUD処理を行う機能の搭載は必須となります。ここでは、まずはこのCRUDについて解説します。その後、データの個別表示・編集・更新・削除といった機能を追加していきます。

CRUD処理を搭載できるようになれば、Laravelの基礎レベルをマスターしたといえます！　これまでの知識も総動員して、CHAPTER 9に取り組んでくださいね。

CRUDって何？

 今回は、以前作った投稿の新規作成や保存機能に
編集や削除機能も追加して、パワーアップさせよう。

それ、必要だと思った！
編集や削除ができないと、一度作ったら、
変えられないし消せないから不便だよね。

 ちなみに、こういう処理まとめて
CRUDって読んだりするよ。

くらっど??
なんだかよく分からなくて、
くらっとしちゃうなぁ。

 微妙なダジャレに、くらっとしちゃうよ。
CRUDはWebアプリを作るなら知って
おいてほしい知識だから、説明するね。

　Webアプリでは、データの作成や編集に関する一連の処理を**CRUD（クラッド）**と呼びます。
CRUDは、次の4つの単語の頭文字から作られた言葉です。

- **Create（作成）**
- **Read（読み取り）**
- **Update（更新）**
- **Delete（削除）**

　多くのデータは、この4つの機能を必要とします。Laravelを使ってCRUD処理を搭載する際に
は、次のように、4つのCRUD処理に沿った7つのメソッドを使用するのが一般的です。

▶CRUDとLaravelのメソッド対応表

CRUD	Laravel のメソッド	機能
Create	create	新規作成用フォームの表示
Create	store	データの新規保存
Read	show	データの個別表示
Read	index	データの一覧表示
Update	edit	データの編集用フォームの表示
Update	update	データの更新
Delete	destroy	データの削除

　読み取り（Read）は、個別にデータを表示する場合と、一覧を表示する場合の2種類が考えられます。

　CHAPTER 8までで、create、store、indexの3つのメソッドの搭載方法を説明しました。今回はshow、edit、update、destroy機能の搭載方法をお伝えします。なお、Webアプリに毎回すべての機能を搭載する必要はありません。必要なものだけ実装するようにしましょう。

個別表示機能の搭載

それじゃ、まずは個別表示機能からつけていこう。
そのあと、編集・更新・削除機能に進んでいくよ。

なかなか盛りだくさんだね。

これまで覚えたコードを使っていくから、そんなに
大変じゃないよ。ここからは、Laravel ワールドの
みんなの助けなしで乗り切っていこう。

分かった！
まずは個別表示機能から頑張る。

それでは個別表示機能を搭載していきましょう。次の順番で進めていきます。

1 ・パラメータを使った個別表示用のルート設定を追加

2 ・コントローラでタイプヒント使って引数を指定

3 ・個別表示用のビューファイルの作成

4 ・一覧画面にルート名を使ってリンクを追加

9-2-1 パラメータを使った個別表示用のルート設定を追加

まずは個別表示用のルート設定を作ります。routes/web.phpの中に次のルート設定を加えます。

web.php

```php
use App\Http\Controllers\PostController;

（省略）
Route::get('post/show/{post}', [PostController::class, 'show'])
->name('post.show');
```

追加部分

個別の投稿を表示するために、**{post}の部分に投稿（post）のid情報を入れて受け渡すようにします。**Laravelではルート設定にパラメータを入れる場合、このようにパラメータ名を波括弧で囲みます。

9-2-2　コントローラでタイプヒント使って引数を指定

次にコントローラです。前回作成したapp/Http/Controllersの中のPostControllerを使います。次のように、showメソッドのコードを追加します。

PostController.php

```php
use App\Models\Post;
class PostController extends Controller
{
    （省略）
    public function show (Post $post) {
        return view('post.show', compact('post'));
    }
}
```

引数部分

引数部分Post $postから説明します。最初のPostは、**タイプヒントと呼ばれ、引数の型を指定している部分**です。Postと書くことで「Postモデルの型にしてね」と引数の型を制限しています。さらに、LaravelではPost $postと**タイプヒントして引数を指定することで、投稿（posts）テーブルから、ルートパラメータの数字がidとなる投稿（post）データを取ってきてくれます。**これを**依存注入**と言います。

なお、ルートパラメータの変数名と、引数の変数名は、同じもの（今回であればpost）を使用してください。違う変数名を使うと、エラーになります。

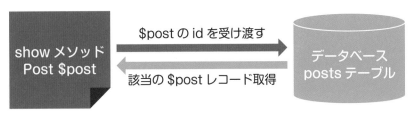

その後のコードは、投稿の一覧表示などでも行ってきたのと同じ流れです。compact関数を使って、$postをビューファイル（post.show）に受け渡しています。

なお依存注入なしで、パラメータを数字情報として受け取った場合には、まず受け取った数字情報をもとに、投稿（post）データを取得する手順が必要になります。その場合には、次のようにコードを入れます。

PostController.php

```php
use App\Models\Post;
class PostController extends Controller
{

    public function show($id) {
        $post=Post::find($id);
        return view('post.show', compact('post'));
    }

}
```

$idをもとにpostレコードを取得

依存注入って言葉は難しいけど、
コードを見ると、理解できるね。
数字をもとに必要なデータをあらかじめ
取ってきてくれるってことだね。

うん。すごい便利な機能だよ。
Laravelは、こういうところが心憎いよね。

心憎いと感じるところが良く分からないけど。
Laravelへの愛は感じるよ。

9-2-3 個別表示用のビューファイルの作成

次にビューファイルを作ります。以前作成したresources/viewsの中のpostフォルダの中にshow.blade.phpファイルを作ります。

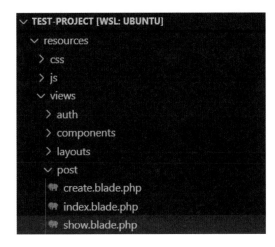

show.blade.phpファイルの中には、次のコードを入れます。赤文字以外は、以前作成したフォーム（post/create.blade.phpファイル）と同じコードを使っています。

show.blade.php

```
<x-app-layout>
    <x-slot name="header">
        <h2 class="font-semibold text-xl text-gray-800 leading-tight">
            個別表示
        </h2>
    </x-slot>
    <div class="max-w-7xl mx-auto px-6">
        <div class="bg-white w-full rounded-2xl">
            <div class="mt-4 p-4">
                <h1 class="text-lg font-semibold">
                    {{ $post->title }}
                </h1>
                <hr class="w-full">
                <p class="mt-4 whitespace-pre-line">
                    {{$post->body}}
                </p>
                <div class="text-sm font-semibold flex flex-row-reverse">
                    <p> {{$post->created_at}}</p>
                </div>
            </div>
        </div>
    </div>
</x-app-layout>
```

投稿の個別表示部分

$post->bodyの部分には、whitespace-pre-lineというTailwindCSSのクラスを使っています。これによって、データ保存時の行の折り返しを再現できます。また連続するスペースはひとつになります。

これで投稿の個別表示用画面ができました。最後にリンクを一覧画面に追加しておきましょう。

9-2-4 一覧画面にルート名を使ってリンクを追加

resources/views/post/index.blade.phpファイルを開きます。タイトル（件名）部分にリンクを追加して、タイトルをクリックすると、個別の投稿が表示されるようにします。そのために、次のコードを追加します。

index.blade.php

```php
<div class="mx-auto px-6">
    @foreach($posts as $post)
        <div class="mt-4 p-8 bg-white w-full rounded-2xl">
            <h1 class="p-4 text-lg font-semibold">
                件名：
                    <a href="{{route('post.show', $post)}}"
                    class="text-blue-600">
                        {{$post->title}}
                    </a>
            </h1>
            <hr class="w-full">
            <p class="mt-4 p-4">
                {{$post->body}}
            </p>
            <div class="p-4 text-sm font-semibold">
                <p>
                    {{$post->created_at}} / {{$post->user->name??''}}
                </p>
            </div>
        </div>
    @endforeach
</div>
```

リンクを追加

post.showのルート設定では、{post}というパラメータを受け取る設定をしました。今回のようにルートパラメータ情報が必要な時は、上記のように、ルート名の後にカンマを入れて指定します。

コードを保存して、実際に投稿の一覧ページを表示してみましょう。

268

投稿一覧ページ
http://localhost/post

▶投稿の一覧ページ

タイトル部分をクリックすると、post.showルート設定にリクエストが受け渡され、投稿の個別ページが表示されます。

▶投稿の個別ページ

編集機能の搭載

さて、次は編集機能と削除機能もつけていこう！

バンバン進んでいくね。

次は編集機能をつけていきます。再び次の順番で進めていきましょう。

1　・編集と更新用のルート設定を追加

2　・編集と更新用の処理を記述

3　・編集画面用のビューファイルの作成

4　・個別表示画面にルート名を使ってリンクを追加

9-3-1　編集と更新用のルート設定を追加

まずは編集用のルート設定を作ります。routes/web.phpの中に編集画面用と更新用の２つの
ルート設定を加えておきましょう。

web.php

```php
use App\Http\Controllers\PostController;

（省略）
                                                    追加部分
Route::get('post/{post}/edit', [PostController::class, 'edit'])
->name('post.edit');
Route::patch('post/{post}', [PostController::class, 'update'])
->name('post.update');
```

　post.editは、編集用の画面を表示するためのルート設定です。この画面で投稿された内容は post.updateに送られるようにします。

　post.updateは、データベースに保存した内容を更新するためのルート設定です。**データを更新するためのHTTPメソッドはputまたはpatch**となります。どちらでも大丈夫ですが、今回は patchを入れておきましょう。

 HTTPメソッドは、CHAPTER 4「コードの基本的な入力方法」で説明したよね。

 うん。表示するだけの時はgetで、最初に保存する時は、postだね。更新する時は、putとpatchで違いってないの？

 Laravelの場合は、どちらでも大丈夫だよ。

9-3-2　編集と更新用の処理を記述

　今回もapp/Http/Controllersの中のPostControllerを使います。次のように、editメソッドのコードを追加します。editメソッドは、showメソッドと同様、引数にPost $postを入れておきます。

PostController.php

```php
use App\Models\Post;
class PostController extends Controller
{
    (省略)
    public function edit(Post $post) {
        return view('post.edit', compact('post'));
    }
}
```

　さらにupdateメソッドも加えておきましょう。updateメソッドは、投稿を保存する時に使用したメソッド（storeメソッド）とほぼ同じコードを使います。赤枠部分だけ変更しておきましょう。

PostController.php

```php
use App\Models\Post;
use Illuminate\Http\Request;
class PostController extends Controller
{
    (省略)

                        引数で送信内容と更新する$postを受取る

    public function update(Request $request, Post $post) {
        $validated = $request->validate([
            'title' => 'required|max:20',
            'body' => 'required|max:400',
        ]);

        $validated['user_id'] = auth()->id();

        $post->update($validated);              updateメソッドで更新する

        $request->session()->flash('message', '更新しました');
        return back();
    }                                           更新後のメッセージ
}
```

　updateメソッドでは、引数はRequest $requestと、Post $postの2つを指定します。Post $postは、データの個別表示のコードと同様です。

　Request $requestは、フォームから保存されたデータを受取ります。Requestは、Illuminate\Http\Requestクラスをタイプヒントしています。つまり、Illuminate\Http\Requestというクラスの型を指定しています。Illuminate\Http\Requestは、デフォルトでuse宣言に入っているので、コードを追加する必要はありません。

　保存する時には、$post->updateと記述しています。updateメソッドによって、データを更新できます。更新後は、update_atのカラムにデータの更新日が入ります。

　更新後のメッセージは、お好みで変更してください。

9-3-3　編集画面用のビューファイルの作成

　次にビューファイルを作りましょう。resources/views/postの中にedit.blade.phpファイルを作ります。

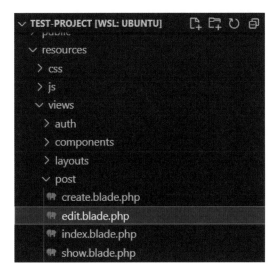

コードは、resources/views/post/create.blade.phpファイルのコードをコピーして貼り付けます。その後、次のように、赤文字部分を修正します。

edit.blade.php

```php
<x-app-layout>

    (省略)

    <form method="post" action="{{ route('post.update', $post) }}">
        @csrf
        @method('patch')
        <div class="mt-8">
            <div class="w-full flex flex-col">
                <label for="title" class="font-semibold mt-4">件名</label>
                <x-input-error :messages="$errors->get('title')"
                class="mt-2" />
                <input type="text" name="title" class="w-auto py-2
                border border-gray-300 rounded-md" id="title"
                value="{{old('title', $post->title)}}">
            </div>
        </div>

        <div class="w-full flex flex-col">
            <label for="body" class="font-semibold mt-4">本文</label>
            <x-input-error :messages="$errors->get('body')" class="mt-2" />
            <textarea name="body" class="w-auto py-2 border
            border-gray-300 rounded-md" id="body" cols="30" rows="5">
            {{old('body', $post->body)}}
```

送信後はpost.updateルート設定に処理を受け渡す

patchメソッドを指定

更新時のold関数の書き方

更新時のold関数の書き方

273

```
                </textarea>
            </div>

            <x-primary-button class="mt-4">
                送信する
            </x-primary-button>
        </form>
    </div>
</x-app-layout>
```

上から順に説明します。まず、formタグを見ていきます。投稿の更新・削除を行う時のformタグの書き方のルールは、次のとおりです。

formタグの書き方

```
<form method="post" action={{route('ルート名')}}>
@csrf
@method('メソッド名')
```

action部分には、post.updateルート設定を指定し、フォームが送信されたらpost.updateに処理が受け渡されるようにします。個別の投稿情報は$postで受け渡します。

なお、formタグは、実際には、put、patch、deleteといったメソッドをサポートしていません。そのためこのメソッドを使うときは、formタグのmethodプロパティにはpostを指定し**formタグの後に@method('メソッド名')という形で、メソッド名を指定**します。post.updateではpatchメソッドを使用するとルート設定で指定したので、上記では@method('patch')とコードを入れています。もしルート設定でputメソッドを指定した場合には、formタグの下には@method('put')といれます。

次に、old関数部分のコードを見ていきましょう。old関数は、フォームを保存する時にも使用しました。ただ、データの新規保存時と更新時では、コードの書き方が少し異なります。更新時には、次のルールに沿ってold関数を使います。

更新時のold関数の使い方

```
{{ old('name属性の値', デフォルトの値) }}
```

old関数の第二引数の部分には、デフォルトの値を指定できます。データを更新する時は、この部分に、データベースに保存されている値が表示されるようコードを入れます。今回の場合、タイトル部分は$post->title、本文部分は$post->bodyといった形でコードを入力します。こうすることで、**「デフォルトでは、データベースに保存されている値を表示する。バリデーションエラーが起こった場合には、エラー前の内容を表示する」**ことができます。

なるほど。old関数って便利だね。

このold関数はヘルパ関数、
つまりLaravelのお助け関数だよ。

9-3-4 個別表示画面にルート名を使ってリンクを追加

機能が実装できたので、次に編集ページへのリンクを追加します。今回は、投稿の個別表示ページに、編集ボタンを追加しましょう。ボタンをクリックすると、投稿の編集画面が出るようにします。resources/views/post/show.blade.phpファイルに、次のようにボタン用コードを追加してください。

show.blade.php

```php
<div class="bg-white w-full rounded-2xl">
    <div class="mt-4 p-4">
        <h1 class="text-lg font-semibold">
            {{ $post->title }}
        </h1>
        <div class="text-right">
            <a href="{{route('post.edit', $post)}}">
                <x-primary-button>
                    編集
                </x-primary-button>
            </a>
        </div>
        <hr class="w-full">
        <p class="mt-4 whitespace-pre-line">
            {{$post->body}}
        </p>
        <div class="text-sm font-semibold flex flex-row-reverse">
            <p> {{$post->created_at}}</p>
        </div>
    </div>
</div>
```

追加するコード

これで準備完了です。機能をテストしてみましょう。投稿一覧画面を表示して、タイトルをクリックします。

一覧ページ

http://localhost/post

▶ 投稿一覧画面（投稿内容はデータベースに保存されているデータによって異なります。）

投稿の個別ページが表示されます。編集ボタンをクリックして編集画面を表示します。

▶ 投稿の個別ページ（投稿内容はデータベースに保存されているデータによって異なります。）

　編集画面では、投稿内容を変えてフォームを送信してみましょう。送信後、投稿内容が変わっているか確認してください。

▶投稿の編集画面

▶投稿編集画面更新後（投稿内容はデータベースに保存されたデータによって異なります。）

更新されてた！
ちゃんとしたWebアプリっぽくなったね。

バリデーションエラーを起こした時に
どうなるかも見てみてね

ほーい♪

削除機能の搭載

さて、それじゃ最後は
投稿の削除機能をつけておこう。

了解。

投稿の更新機能も付けたので、最後にデータの削除機能も搭載しておきましょう。次の順番で進めていきます。

1　・削除用のルート設定を追加

2　・削除用の処理を記述

3　・削除用のコードをビューファイルに追加

4　・セッションを使って削除後のメッセージを表示

9-4-1　削除用のルート設定を追加

まずは削除用のルート設定を作ります。routes/web.phpの中に次のルート設定を加えておきましょう。

web.php

```php
use App\Http\Controllers\PostController;

（省略）

Route::delete('post/{post}', [PostController::class, 'destroy'])
->name('post.destroy');
```

追加するコード

削除用のルート設定では、HTTPメソッドはdeleteメソッドを使用します。処理内容は、PostControllerのdestroyメソッドに記述していくことにします。

9-4-2　削除用の処理を記述

app/Http/Controllersの中のPostControllerに、次のように、destroyメソッドのコードを追加します。引数にPost $postを入れておきます。

PostController.php

```php
use App\Models\Post;
class PostController extends Controller
{
    (省略)
    public function destroy(Post $post) {
        $post->delete();
        return redirect()->route('post.index');
    }
}
```

なお削除後は、投稿の個別表示画面も消えてしまいます。そのため、return back()ではなく、上記のように、リダイレクト用のコードを入れておきましょう。上記のようにreturn redirect()->route('post.index')とすると、post.indexルートへリダイレクトします。つまり投稿の削除後に、投稿一覧ページが表示されます。

投稿一覧ページのルート設定に、下記のようにpost.indexとルート名も追加しておきましょう。

web.php

```php
Route::get('post', [PostController::class, 'index'])->name('post.index');
```

なおリダイレクト後の処理は、URLを使って指定することもできます。redirect('post')とすると、ドメイン名/post のURLへリダイレクトして、投稿一覧ページが表示されます。

9-4-3　削除用のコードをビューファイルに追加

次にビューファイルを作りましょう。resources/views/post/show.blade.phpファイルの中に次の削除ボタン用のコードを加えます。これによって、ボタンをクリックすると、post.destroyルート設定に処理が受け渡されます。

show.blade.php

```php
<div class="text-right flex">
    <a href="{{route('post.edit', $post)}}" class="flex-1">
        <x-primary-button>
            編集
        </x-primary-button>
    </a>
```

追加するコード

```php
    <form method="post" action="{{route('post.destroy', $post)}}"
    class="flex-2">
        @csrf
        @method('delete')
        <x-primary-button class="bg-red-700 ml-2">
            削除
        </x-primary-button>
    </form>
</div>
```

レイアウトを整えるために、classに、Tailwind CSSのクラスを追加しています。これによって、編集ボタンと削除ボタンを横並びで表示することができます。

実際に投稿の個別ページを確認してみましょう。これまでどおり投稿一覧画面でタイトルをクリックして、投稿の個別ページを表示します。個別ページには、次のように編集と削除ボタンが表示されます。削除ボタンをクリックすると、投稿を削除できます。

▶ 投稿の個別表示画面

削除ボタンを押したら、投稿が削除されたみたいだけど。
何も出てこないから、消えたのかどうか、よく分からないね。

たしかに。それじゃ、投稿の削除後に
メッセージも表示させるようにしよう。

9-4-4 セッションを使って削除後のメッセージを表示

投稿の削除後にメッセージが表示されるようにします。まずはapp/Http/Controllers/
PostController.phpのdestroyメソッドに、次のコードを追加します。

PostController.php

```php
use App\Models\Post;
class PostController extends Controller
{
    (省略)
    public function destroy( Request $request, Post $post) {
        $post->delete();
        $request->session()->flash('message', '削除しました');
        return redirect('post');
    }
}
```

以前もメッセージを追加する際に、この形のコードを使用しました。$request->session()と
することで、セッションにデータを一時保存できます。上記コードによって「削除しました」と
いう文字列をmessage変数に入れて、セッションに一時保存しておくことができます。

次にresources/views/post/index.blade.phpファイルを開き、messageを表示するために
次のコードの赤枠部分を追加します。

index.blade.php

```php
<x-app-layout>
    <x-slot name="header">
        <h2 class="font-semibold text-xl text-gray-800 leading-tight">
            一覧表示
        </h2>
    </x-slot>
    <div class="mx-auto px-6">
```

```
@if(session('message'))
    <div class="text-red-600 font-bold">
        {{session('message')}}
    </div>
@endif
@foreach($posts as $post)
```

　これで準備完了です。再び、投稿の削除機能をテストしてみてください。今回は、削除後に次のようにメッセージが表示されるはずです。

▶ 投稿削除後の画面

削除後にメッセージがでてきた！

これで「消えたんだな」ってことが分かるね。

リソースコントローラの利用

いやしかし、投稿の作成から始まって、削除機能まで
搭載するのは、なかなか長い道のりだったなぁ。

よくがんばったね。

ありがと。
ただ、もっと簡単にできる方法ってないの？

ないよ、そんなの。
と言いたいところだけど、実は、あるんだ。

え、どんな方法？

リソースコントローラっていうんだ。
これを使うと、ルート設定が楽になるよ。

　ここまでで投稿作成・保存・一覧表示・個別表示・編集画面表示・更新・削除といったCRUD
の処理を実装してきました。ひとつひとつルート設定を追加し、メソッドを書いてきました。
　ですがLaravelでは、**リソースコントローラ**を使うことで、これまで作成したPostController
用のルート設定をまとめて作ることができます。さらにコントローラファイルも、予めメソッド
名が入った状態で作成できます。
　リソースコントローラを作って、これまでの処理を置き換えてみましょう。

9-5-1 ルート設定とコントローラを無効にしておく

　まず、これまで作成したルート設定を無効にしておきます。routes/web.phpファイル開き、PostControllerに関連するルート設定をすべて削除しておきましょう。ミドルウェアも取り除きます。routes/web.phpファイルを次のような状態にします。

web.php

```php
<?php

use App\Http\Controllers\ProfileController;
use Illuminate\Support\Facades\Route;
use App\Http\Controllers\PostController;

Route::get('/', function () {
    return view('welcome');
});

Route::get('/dashboard', function () {
    return view('dashboard');
})->name('dashboard');


Route::middleware('auth')->group(function () {
    Route::get('/profile', [ProfileController::class,
        'edit'])->name('profile.edit');
    Route::patch('/profile', [ProfileController::class, 'update'])
        ->name('profile.update');
    Route::delete('/profile', [ProfileController::class, 'destroy'])
        ->name('profile.destroy');
});

require __DIR__.'/auth.php';
```

　次にapp/Http/Controllers/PostController.phpファイルの名前を、OldPostController.phpにしておきます。

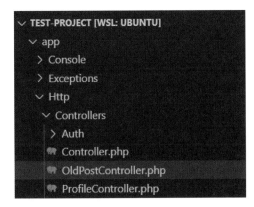

これで準備完了です。リソースコントローラを作りましょう。

9-5-2 リソースコントローラ用のルート設定を追加

リソースコントローラを作るには、次の形でコマンドを実行します。

リソースコントローラ作成コマンドの入力方法

```
$ sail artisan make:controller コントローラ名 --resource
--model='モデル名'
```

--model='モデル名'の部分はなくても作成できますが、モデルを指定しておくと、予めモデルと紐づいたリソースコントローラを作成できます。今回は、次のコマンドを実行して、PostControllerという名前のPostモデルと紐づいたリソースコントローラを作成します。

```
$ sail artisan make:controller PostController --resource --model=Post
```

コマンド実行後、routes/web.phpファイルを開き、リソースコントローラ用のルート設定を追加します。コードの書き方は次のとおりです。

リソースコントローラ作成コマンドの入力方法

```
Route::resource('URI', コントローラ名::class);
```

次のようにコードを入れましょう。

web.php

```php
<?php

use App\Http\Controllers\ProfileController;
use Illuminate\Support\Facades\Route;
use App\Http\Controllers\PostController;

Route::resource('post', PostController::class);

（省略）
```

　この**1行のルート設定で、これまでひとつずつ作成してきた次の7つのルート設定と同じ働きを**します。

これまで作成したCRUD処理用の7つのルート設定

```php
①Route::get('post', [PostController::class, 'index'])
  ->name('post.index');
②Route::get('post/create', [PostController::class, 'create'])
  ->name('post.create');
③Route::post('post', [PostController::class, 'store'])
  ->name('post.store');
④Route::get('post/{post}', [PostController::class, 'show'])
  ->name('post.show');
⑤Route::get('post/{post}/edit', [PostController::class, 'edit'])
  ->name('post.edit');
⑥Route::patch('post/{post}', [PostController::class, 'update'])
  ->name('post.update');
⑦Route::delete('post/{post}', [PostController::class, 'destroy'])
  ->name('post.destroy');
```

　本当に7つのルート設定が作成されているのか、確認しておきましょう。次のコマンドを実行して、ルートの一覧を表示してください。

```
$ sail artisan route:list
```

　7つのルート設定が含まれたルート設定情報が返ってきます。

リソースコントローラのルート設定一覧表示例

(HTTPメソッド)	(URI)	(ルート名)	(コントローラ@メソッド)
GET|HEAD	post	...post.index	› PostController@index
POST	post	...post.store	› PostController@store
GET|HEAD	post/create	...post.create	› PostController@create
GET|HEAD	post/{post}	...post.show	› PostController@show
PUT|PATCH	post/{post}	...post.update	› PostController@update
DELETE	post/{post}	...post.destroy	› PostController@destroy
GET|HEAD	post/{post}/edit	...post.edit	› PostController@edit

9-5-3 リソースコントローラの編集

　次にコントローラファイルを編集します。リソースコントローラ作成コマンド実行後、app/
Http/Controllersの中に、新たにPostController.phpができます。このファイルを開きます。

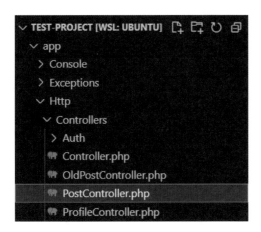

　ファイルを開くと、メソッド名だけが入った状態になっています。ここに、これまでCRUD処
理用に作成したコードを追加していれてください。

　次のページのコードは追加例です。Gateは外しています。メソッド名と引数は既に入ってい
るものを使用しています。ただdestroyメソッドについては、デフォルトでは引数にRequest
$requestが入っていないので、追加しました。また、storeメソッドとupdateメソッドの
return部分にも変更を加えました。これにより、データ保存後は一覧画面にリダイレクトし、デ
ータ更新後は投稿の個別表示画面にリダイレクトするようになっています。

　個別表示画面用のビューファイル（post/show.blade.php）にも、メッセージを表示するコー
ドを追加しておいてください。

　このとおりのコードでなくても問題ありませんが、もしコードが動かなかったりした場合には、
次のページのコードを参考にして修正を加えてください。

PostController.php

```php
<?php

namespace App\Http\Controllers;

use App\Models\Post;
use Illuminate\Http\Request;

class PostController extends Controller
{
    public function index()
    {
        $posts=Post::all();
        return view('post.index', compact('posts'));
    }

    public function create()
    {
        return view('post.create');
    }

    public function store(Request $request)
    {
        $validated = $request->validate([
            'title' => 'required|max:20',
            'body' => 'required|max:400',
        ]);

        $validated['user_id'] = auth()->id();

        $post = Post::create($validated);

        $request->session()->flash('message', '保存しました');
        return redirect()->route('post.index');
    }

    public function show(Post $post)
    {
        return view('post.show', compact('post'));
    }

    public function edit(Post $post)
    {
        return view('post.edit', compact('post'));
```

一覧画面にリダイレクト

288

```
}

public function update(Request $request, Post $post)
{
    $validated = $request->validate([
        'title' => 'required|max:20',
        'body' => 'required|max:400',
    ]);

    $validated['user_id'] = auth()->id();

    $post->update($validated);

    $request->session()->flash('message', '更新しました');
    return redirect()->route('post.show', compact('post'));
}

public function destroy(Request $request,Post $post)
{
    $post->delete();
    $request->session()->flash('message', '削除しました');
    return redirect()->route('post.index');
}

}
```

個別表示画面にリダイレクト

リソースコントローラ、すごい便利だね。
いやしかし、なんで最初からこれを教えてくれないの!?

いやぁ、だって、ひとつずつ組んでいった方が
分かりやすいでしょ。それに不便を味わってからじゃないと、
便利さって分からないし!

頑固職人みたいなことを言うんだね。

Webエンジニアは、職人みたいなものだと僕は思うよ。見えない部分も
手を抜かずに作っていかなきゃだしね。それに、ルート設定について
resource しか知らないと困るからね。Route::resource メソッドは
「すべて知ってるけど記述を省略したい」という時のためにあるんだ。

はいはい。
ところで、この後はどんなことをするの？

次は、色々な便利機能を紹介していくよ。
高度な機能も、Laravelなら手軽に搭載できたりするんだ。

へえ、楽しみ！

　CRUD処理も搭載し、Webアプリは大分使いやすくなりました。次回は、色々な便利機能を紹介していきます。

ひとことアドバイス

　Laravel 10はリリース当初、モデル名を指定してコントローラを作成したり、リソースコントローラを作成したりした場合には、下記のように戻り値の型指定が入るようになっていました。**戻り値とは、return部分で返す値**のことです。

コントローラのメソッドに戻り値の型が指定されている例

```php
class PostController extends Controller
{
    public function index(): Response
    {
        //
    }
}
```

　ですがLaravel 10.1にアップグレードした際に、この戻り値の型の指定は入らないようになりました。そのため現在は、この部分を意識する必要はありませんが、もし戻り値の型を指定したい場合は、著者の下記ブログ記事を参考にしてください。

コントローラの戻り値の型の指定方法
https://biz.addisteria.com/laravel10_type/

CHAPTER 9でお伝えしたこと

☑ CRUDって何？

CRUD（クラッド）処理について説明しました。

……………………………………………………………………………………………

☑ 個別表示機能の搭載

投稿を個別表示する機能を搭載しました。コントローラのメソッドにコードを入れる際、Post $postのようにタイプヒントして引数を指定する方法を説明しました。

……………………………………………………………………………………………

☑ 編集機能の搭載

投稿の編集・更新機能を搭載しました。更新時は、使用するHTTPメソッドはputまたはpatchメソッドとなります。ビュー側のフォームタグの下には、@methodの形で、ルート設定で使用したHTTPメソッドを入れます。

……………………………………………………………………………………………

☑ 削除機能の搭載

投稿の削除機能を搭載しました。削除後は投稿一覧ページにリダイレクトするようにしました。

……………………………………………………………………………………………

☑ リソースコントローラ

Laravelではリソースコントローラを使うと、CRUD処理を効率的に実装できます。リソースコントローラを使った時の処理を説明しました。

COLUMN

リソースコントローラのルート設定をexceptやonlyで限定する

今回はリソースコントローラを使ってCRUD処理を搭載する方法を説明しました。リソースコントローラを使うと、7つのルート設定を1行で書けてしまえます。

ただ、「7個もいらないんだけど」という時もあるでしょう。そういった場合のコードの書き方を紹介します。

たとえば、「editとupdateは除外したいな」という場合には、リソースコントローラに次のようにexceptを使ってコードを追加します。

web.php

```php
Route::resource('post', PostController::class)
->except(['edit', 'update']);
```

「indexとcreateとstoreだけ使いたい」という場合には、次のようにonlyを使ってコードを追加します。

web.php

```php
Route::resource('post', PostController::class)
->only(['index', 'create', 'store']);
```

コードを変えたら、ルート一覧表示用のコマンドを実行しましょう。有効なルート設定の一覧が表示できるので、きちんとコードの変更が反映されているかを確認できます。

```
$ sail artisan route:list
```

除外したいときはexcept、
限定したい時はonlyを使えばいいんだね。

そのまま残しておいても害はないんだけど、
ちゃんと整理したほうが分かりやすいね。

テストデータ作成・ペジネーション搭載

ここでは、Webアプリを見やすく使いやすくしていくための方法を
紹介します。前半は開発中のテストデータを効率的に作る機能や、ペ
ジネーション搭載方法を説明します。後半はナビゲーションメニュー
を追加した後に、オリジナルロゴも表示させていきます。
Laravelに備わった機能を活用して、ユーザー目線を意識しつつ、
Webアプリを見やすく使いやすいものに仕上げていきましょう。

今回は、色々な便利機能を紹介していくよ。
まずはテストデータを作成する機能から始めよう。

それって必要？
データベースの中に直接レコードを
追加していったほうが早そうだけど。

それでもいいけど、結構大変だよ？
何百個もレコードが必要な時なんて、
気が遠くなると思う。

う、確かに。

Laravel には、そんな時のために、
効率よくテストデータを作る機能が
備わっているんだ。

　Webアプリの開発では、テストは必須になります。そのために、Webアプリによっては相当数のデータを準備する必要があるでしょう。Laravelには、そういった時のために**便利にダミーデータを作成できる機能**が備わっています。機能と使い方を紹介していきます。

10-1-1　シーダーでダミーデータを作成

まずはシーダー（Seeder）機能から説明していくよ。

えっと、seedが種って意味だから、シーダーは、種をまく人ってこと？　つまり、Laravelに種まきする機能ってこと？？

いや、Laravelじゃなくて、データベースに種をまくんだ。

なるほど！　データベースにダミーデータを
蒔くって感じの意味だね。

そういうこと。シーダーを使うと、ひとつひとつ種をまくように、
データベーステーブルにレコードをひとつずつ追加できるんだ。

　まずは、**シーダー (seeder)** 機能について説明します。シーダーは、**データベーステーブルに、ひとつずつレコードを登録する**場合に使います。

　今回は、postsテーブルにデータを追加するためのシーダーファイルを作ってみましょう。シーダーファイルを作るコマンドの書式は、次のとおりです。

コマンドの書式

```
sail artisan make:seeder シーダー名
```

　今回は、下記コマンドを実行してPostSeederファイルを作ります。

```
sail artisan make:seeder PostSeeder
```

　シーダー用のファイルは、プロジェクトのdatabase/seedersの中にできます。デフォルトでは、DatabaseSeeder.phpファイルが入っています。上記コマンドを実行すると、ここにPostSeeder.phpファイルができます。

▶プロジェクトのdatabase/seedersディレクトリ内にできたPostSeeder.phpファイル

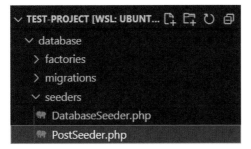

　シーダー用のファイルを毎回作らず、元々あるdatabase/seeders/DatabaseSeeder.phpに

コードを追加してしまっても良いのですが、今回は、別ファイルに処理を入れていきます。

作成したPostSeeder.phpファイルを開き、runメソッドに下記のコードを入れてみます。

PostSeeder.php

```php
public function run(): void
{
    \App\Models\Post::create([
        'title' => 'テスト',
        'body' => 'シーダーのテストを実施します。',
        'user_id' => 1,
    ]);
}
```

追加コード

コードを入れた後、シーダー作成コマンドを実行すると、Postモデルのインスタンスを作ることができます。つまり、postsテーブルにレコードを追加できます。レコードの各カラムの値は、PostSeeder.phpで指定したとおりになります。

実際に、下記のシーダー作成コマンドを実行してみましょう。

```
$ sail artisan db:seed --class=PostSeeder
```

最後に--class=PostSeederとつけることで、PostSeeder.phpファイルの情報をもとに、ダミーデータを作成できます。--class部分をつけなかった場合には、DatabaseSeeder.phpファイルに基づいたダミーデータを作成します。

コマンドを実行したら、データベースのpostsテーブルを見てみましょう。指定したとおりのレコードが追加されているか、確認してください。

▶ シーダーコマンド実行後のpostsテーブル

10-1-2 ファクトリーでダミーデータを大量生産

シーダーって便利だけど、ただ、レコードの条件を
1個ずつ入れていくのは、ちょっと面倒だなぁ。

そういう時は、ファクトリーを使えばいいよ。

ファクトリー。また素敵な名前だね。
ファクトリーは工場って意味だから、
ダミーデータを作る工場ってこと？

あたり！
ファクトリー機能を使えば、
ダミーデータを一度に大量生産できるんだ。

ファクトリー（Factory）は、**条件を指定して、ダミーデータを大量に作れる**機能です。実際に作ってみましょう。ファクトリーファイルを作成するコマンドの書式は、次のとおりです。

コマンドの書式

```
sail artisan make:factory モデル名Factory
```

今回は、下記コマンドを実行してPostFactoryファイルを作ります。

```
$ sail artisan make:factory PostFactory
```

ファクトリー用のファイルは、プロジェクトのdatabase/factoriesの中にできます。デフォルトでは、UserFactory.phpファイルが入っています。上記コマンドを実行すると、ここにPostFactory.phpファイルができます。

▶プロジェクトのdatabase/factoriesディレクトリ内にできたPostFactory.phpファイル

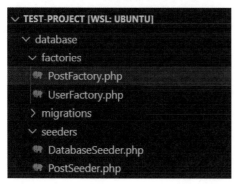

PostFactory.phpファイルを開き、definitionメソッドに下記のコードを入れます。

PostFactory.php

```php
public function definition(): array
{
    return [
        'title'=>fake()->text(20),
        'body'=>fake()->text(50),
        'user_id'=>\App\Models\User::factory(),
    ];
}
```

追加コード

　ファクトリーファイルには、テーブルの各カラムにどういった情報をいれるのか条件を指定します。上記のコードの意味は、下記のとおりです。

●**titleカラムには20字以内の文字列データをいれる。**
●**bodyカラムには50字以内の文字列データをいれる。**
●**post作成時に新しいuserを作成して、user_idには、そのuserのidをいれる。**

　ダミーデータのデータ型はfake()->の後に指定します。textと指定すると、文字列でダミーデータを作成できます。factoryで使えるデータ型をいくつか紹介します。

▶ factoryを作る時のデータ型例

データタイプ	入れるデータ	ダミーデータ例
address	住所	9367124 京都府井上市東区伊藤町 中村 0-0-0-0-0
name	名前	山田 花子
email	メールアドレス	pidakkaaaa@example.com
randomDigit	ランダムな数字	5
numberBetween($min=100, $max=1000)	指定した範囲内の数字	numberBetween($min=100, $max=1000)と指定した場合の例： 436
text	テキスト （日本語非対応）	Qui quisquam temporibus sunt fugit.
realText	テキスト （日本語対応可）	日本語では宮沢賢治著「銀河鉄道の夜」より文章が生成される。 realText(20) と指定した場合の例： してザネリはうごいてそれはこの模型もけ。

ダミーデータは、先の例のとおり、日本語で作ることもできます。日本語にするためには、config/app.phpファイル内の'faker_locale'を、下記のように日本語に設定しておきましょう。

app.php

```php
'faker_locale' => 'ja_JP',
```

名前（name）、住所（address）は日本語になりますが、textなど**データ型によっては、日本語に対応していないものもあります**。

ファクトリーファイルを編集した後は、database/seeders/DatabaseSeeder.phpファイルを開きます。runメソッドには、デフォルトでコードが入っています。デフォルトのコードを有効にするとUserモデルに基づいたダミーデータを作成できますが、今回はデフォルトのコードは無効のままにしておきます。

新たに下記の赤枠のコードをrunメソッドに入れます。

DatabaseSeeder.php

```php
public function run(): void
{
    // \App\Models\User::factory(10)->create();

    // \App\Models\User::factory()->create([
    //     'name' => 'Test User',
    //     'email' => 'test@example.com',
    // ]);

    \App\Models\Post::factory(3)->create();
}
```

無効化するコード

追加するコード

これによって、作成したファクトリーに基づいた3個のダミーデータを作成できます。作成するダミーデータの数に応じて、数字は変えてください。

ファイル保存後、下記のファクトリー作成コマンドを実行します。

```
$ sail artisan db:seed
```

コマンドを実行すると、**DatabaseSeeder.phpファイルに基づいて、ダミーデータを作成**できます。

コマンド実行後データベースのpostsテーブルをチェックして、3個のpostレコードが加わっていることを確認してください。

▶ postsテーブルのダミーデータ

title	body	created_at	updated_at	user_id
Molestiae dicta.	Quo natus consequatur unde in nam eum.	2022-12-16 09:52:51	2022-12-16 09:52:51	156
Natus voluptatibus.	Tenetur quo aut ex et nihil quae.	2022-12-16 09:52:51	2022-12-16 09:52:51	157
Quam voluptatum ad.	Accusantium itaque unde numquam.	2022-12-16 09:52:51	2022-12-16 09:52:51	158

usersテーブルには、postsテーブルのダミーデータのuser_idをidに持つuserレコードが追加されています。こちらも確認しておきましょう。

▶ usersテーブルのダミーデータ

id	name	role	email	email_verified_at
1	junko	admin	junko@test	NULL
2	hanako	NULL	hanako@test	NULL
156	青山 あすか	NULL	kyosuke.kanou@example.com	2022-12-16 09:52:51
157	坂本 稔	NULL	mai.sakamoto@example.com	2022-12-16 09:52:51
158	斉藤 陽一	NULL	chiyo.nishinosono@example.org	2022-12-16 09:52:51

おおー、すごい！
リレーション先のデータまで作ってくれるんだね。

大量のダミーデータが必要な時は、
ファクトリーを活用するといいよ。

うん！
ファクトリー使って、どんどんダミーデータ
作ろうっと！　えいえいっと。

必要ないのに、そこまでたくさんデータ
作らなくてもいいんだけど...　聞いてないようだね。

　ご説明したとおり、ファクトリーは大量のデータを作る時に役立ちます。Webアプリの開発段階で活用していきましょう。

> ガーン。　ダミーデータをどんどん作っていたら、
> 投稿の一覧ページが、ものすごく縦長になっちゃった。
> これ、見やすくする方法ないかなぁ。

> だからダミーデータそんなにいらないって言ったのに。
> でも、投稿数は遅かれ早かれ増えるし。
> そういった事態にために、見やすくする必要はあるね。

> なるほど。
> ファクトリーでダミーデータたくさん作ったのも、
> 役にたったってことだね。

> まあ、そうともいえるね。

> だけど、どうやったら、
> 一覧ページが見やすくなるかな。

> ページ分割機能をつけよう。
> ペジネーションっていうんだ。

　投稿データの一覧ページなどは、データ数が増えると見づらくなってしまいます。そういった時には、**ペジネーション（ページ分割）**機能を搭載しましょう。Laravelでは、手軽にペジネーションを実装できます。実際に投稿一覧ページにペジネーションをつけてみましょう。

10-2-1　一覧画面にペジネーションを搭載

　まずapp/Http/Controllersの中のPostController.phpを開き、indexメソッドの$posts変数を定義するコードを削除またはコメントアウトします。新たにペジネーション用のコードを下記のように追加します。

PostController.php

```php
public function index()
{
    // $posts=Post::all();
    $posts=Post::paginate(10);
    return view('post.index', compact('posts'));
}
```

無効化するコード

追加するコード

　paginate(10)とすると、1ページごとに10個のpostデータを表示できます。あらかじめファクトリー機能等を使って、postsテーブルに10個以上のレコードを用意しておきましょう。

　次に、ビュー側の処理を入れていきます。resources/views/post/index.blade.phpファイルを開きます。@endforeachの後に、下記のようにコードを追加します。

index.blade.php

```php
（省略）
@endforeach
<div class="mb-4">
 {{ $posts->links() }}
</div>
    </div>
</x-app-layout>
```

追加コード

　これで準備完了です。Webアプリにログインし、ブラウザに投稿一覧ページを表示しましょう。テーブルの下部にペジネーションが表示されるのを確認してください。

投稿一覧ページ
http://localhost/post

▶ペジネーション表示

すごい！ たったあれだけのコードで、
キレイなページ分割機能をつけられるんだね。

Laravel側で、予め準備してある機能を使っているからね。

ただ、これってちょっと見づらいかも。
自分で色とか変えられるといいんだけど。

スタイルの変更もできるよ。

10-2-2 ペジネーションのスタイルをカスタマイズ

ペジネーション部分のスタイルを変更したい場合には、下記のコマンドを実行します。

```
$ sail artisan vendor:publish --tag=laravel-pagination
```

これによって、vendorディレクトリ内のペジネーション用ビューファイルをresources/viewsの中にコピーできます。コピーしたファイルを編集することで、既存の設定を上書きできます。vendorディレクトリ内のファイルを直接編集してはいけないため、このようにファイルをコピーするステップが必要となります。vendor内を直接編集してはいけない理由については、CHAPTER 8末のコラムで説明しています。

それでは、作成したファイルを編集してみましょう。上記コマンド実行後、resources/views/vendor/paginationの中にできるtailwind.blade.phpファイルを開きます。今回は、現在表示しているページ番号の背景が赤色になるように、コードを変更しましょう。75行目あたりのbg-whiteクラスを削除し、新たにbg-red-100クラスを追加します。

tailwind.blade.php

```php
@if ($page == $paginator->currentPage())
    <span aria-current="page">
        <span class="relative inline-flex items-center px-4 py-2
-ml-px text-sm font-medium text-gray-500 bg-red-100 border border-
gray-300 cursor-default leading-5">{{ $page }}</span>
    </span>
@else
```

追加コード

　変更後、再び投稿一覧ページを見ると、現在表示しているページ番号の背景色が変わっていることが確認できます。

▶ペジネーションアレンジ後

おおー！アレンジも簡単にできるんだね。
せっかくだから、もう1か所、見栄えをよくしたいところがあるんだけど。

どこ？

投稿送信後のメッセージの表示。
今のままだと、ちょっと分かりにくいから、
ボックスの中にメッセージを入れて、表示したいんだ。

なるほど。
それじゃ、変えていこう。

コンポーネントの新規作成

 投稿後のメッセージ表示って、投稿の更新でも
行うんだよね。同じコードを使うから、何か効率的に
できるといいんだけど、どうしたら良いかな。

それじゃ、コンポーネントを使っていこう。

 コンポーネントって、ボタンやエラーメッセージに
使った機能だよね。自分でも作れるの？

うん。
これまでは Laravel 側で用意してくれている
コンポーネントを使ってきたけど、自作もできるよ。

 へぇ。ビューファイルで共通化できる部分は、
どんどんコンポーネントにしていくと良さそうだね。

そのとおり！
考え方がどんどん効率的になっていってるね。

 え、そうかな。

　コンポーネントについては、CHAPTER 4で説明をしました。Laravel Breezeを入れた時点で、resources/viewsの中に、componentsができます。**componentsの中には、ボタンなど、プロジェクト内で共通して使う部品を構成するファイル**が入っています。

　今回は、このコンポーネントファイルを自分で作成する方法を説明します。メッセージ表示部分をコンポーネント化していきましょう。

10-3-1 エラー表示用のコンポーネントの作成

　現在、新規投稿を送信した後は、コントローラから$message変数を受け渡し、これをビュー側で表示しています。そこにコンポーネントを指しはさみ、スタイルをつけた状態でビューに返すようにしましょう。図にすると、次のような流れになります。

▶新規投稿送信後の処理の流れ

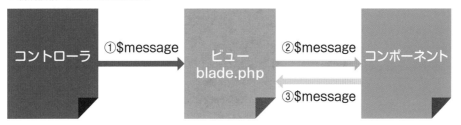

　既に①の部分はできています。②の部分から取り掛かっていきます。下記コマンドを実行して、Messageという名前のコンポーネントを作成します。

```
$ sail artisan make:component Message
```

　コンポーネントを作成すると、app/View/Componentsの中と、resources/views/componentsの中の2か所にファイルができます。
　まずは、app/View/Componentsの中にできるMessage.phpファイルを開きます。下記の赤枠3か所にコードを入れ、ビューファイルから受け取った$messageを定義します。

Message.php

```php
（省略）
class Message extends Component
{
    public $message;

    public function __construct( $message )
    {
        $this->message = $message;
    }

    public function render(): View|Closure|string
    {
        return view('components.message');
    }
}
```

renderメソッドの部分は、表示するビューファイルを指定しています。このビューファイルにもコードをいれていきましょう。

resources/views/components/message.blade.phpファイルを開き、Message.phpから受け取った$messageをボックス内に表示するために、次のようにコードを入れます。

message.blade.php

```php
@if ($message)
<div class="p-4 m-2 rounded bg-green-100">
    {{$message}}
</div>
@endif
```

上記コードでは、if構文を使って、「もし$messageがあれば表示する」という形にしています。div内のclassにTailwind CSSのクラスを指定して、背景が緑色のボックスが表示されるようにしました。

最後に、投稿の新規作成用のビューファイルにコードを加えます。resources/views/post/create.blade.phpファイルを開きます。現在は、$messageを表示するためのif構文が入っていますが、こちらを削除します。代わりに、次のように、messageコンポーネントを入れるためのコードを追加します。なお投稿を保存した後、新規投稿作成画面ではなく投稿一覧画面を表示するコードにしてある場合には、resources/views/post/index.blade.phpファイル内のメッセージ表示部分を編集して、次の赤文字部分のコードを追加してください。

index.blade.php

```php
<x-app-layout>
    <x-slot name="header">
        <h2 class="font-semibold text-xl text-gray-800 leading-tight">
            フォーム
        </h2>
    </x-slot>
    <div class="max-w-7xl mx-auto px-6">
```
無効化または削除するコード
```php
        {{-- @if(session('message'))
            <div class="text-red-600 font-bold">
                {{session('message')}}
            </div>
        @endif --}}

        <x-message :message="session('message')" />
```
追加するコード

これで、準備完了です。コンポーネントを使って、$messageが表示されるようになりました。

実際にどのように表示されるか、テストしてみましょう。

　ブラウザにWebアプリを表示します。ログインして投稿の新規作成ページを開き、実際に投稿を送信してみます。コンポーネントが反映されていれば、下記のように表示されます。

 投稿の新規作成ページ
http://localhost/post/create

▶投稿送信後の画面

フォーム

保存しました

件名

本文

メッセージがボックス内に表示されるようになった！
ただ、コンポーネント作るのって、
色々なファイルを編集する必要があって面倒だね。

実は、もっと簡単にできる方法があるんだ。

前も思ったけど、そういうの、最初から教えてほしいな。

先程はコマンドを実行して、2つのコンポーネントファイルを作成しました。ただ、**app/View/Components内のファイルを使わなくても、コンポーネントを作ることができます。**その場合には、コマンドを使わず、直接resources/views/componentsの中にmessage.blade.phpを作成します。変数情報は、下記のように**props**を使って受け取るようにします。また、app/View/Components/Message.phpは削除しておきましょう。

message.blade.php

```
@props(['message'])  ◀── 追加するコード
@if ($message)
<div class="p-4 m-2 rounded bg-green-100">
    {{$message}}
</div>
@endif
```

上記のようにコードを変更したら、再度、投稿を新規作成してみてください。投稿送信後に、メッセージが表示されるか確認してください。

なお、きちんとコードをいれたはずなのに、「Class "App\View\Components\Message" not found」とエラーが表示される場合があります。これは「Messageコンポーネントが見つからない」という意味です。削除前のコードがキャッシュとして残っている可能性があるので、下記コマンドを実行して、ビューのキャッシュを削除しておきましょう。コマンド実行後、再度、メッセージが表示されるかテストしてください。

```
sail artisan view:clear
```

メニューとロゴをカスタマイズ

メッセージもきれいに表示できるようになったし、
いい感じになったなぁ。
後は、メニューとかも必要だよね。

確かに。
ナビゲーション部分にメニューを加えておこうか。

うん。
スマホで見たときにもきれいに表示されるように
したいんだけど、できるかな。

できるよ！

　プロジェクトには、大分色々な機能を搭載してきました。ただ、今のままだと使い勝手がイマイチです。**ナビゲーション部分にメニューを加えたりして、ユーザーが使いやすくしておきましょう。**

10-4-1　ナビゲーションメニューの編集

　resources/views/layouts/navigation.blade.phpファイルを開きます。ファイルの上部に**<!-- Navigation Links -->**というコメントが入っています。このコメントの下のコードを変えていきます。

　デフォルトではDashboardメニューがありますが、こちらを削除またはコメントアウトします。新たに、下記のように2つのメニューを表示するためのコードを追加します。

navigation.blade.php(実際は:activeの部分で折り返す必要はありません)

```php
<!-- Navigation Links -->
<div class="hidden space-x-8 sm:-my-px sm:ml-10 sm:flex">
    <x-nav-link :href="route('post.index')"
    :active="request()->routeIs('post.index')">
        投稿一覧
    </x-nav-link>
    <x-nav-link :href="route('post.create')"
    :active="request()->routeIs('post.create')">
        新規作成
    </x-nav-link>
</div>
```

追加するコード

 ひとことアドバイス

　デフォルトで入っているDashboardメニューは、下記のように括弧付きで表記されています。

navigation.blade.php(実際は:activeの部分で折り返されていません。)

```php
<x-nav-link :href="route('dashboard')" :active="request()-
>routeIs('dashboard')">
    {{ __('Dashboard') }}
</x-nav-link>
```

　言語設定に合わせて表示したい場合には、このような形にします。config/app.phpファイルでlocaleを日本語に設定した場合は、この部分は日本語で表示されます。localeを英語にした場合は、英語で表示されます。なお言語設定に合わせて表示するには、予めプロジェクトのlangの中に、該当箇所の翻訳をいれておく必要があります。

　次にスマホ画面で表示されるメニューにも、変更を加えておきます。navigation.blade.phpファイルの真ん中よりやや下あたりに、**<!-- Responsive Navigation Menu -->**というコメントが入っています。このコメントの下のコードを変えていきます。

　デフォルトではDashboardメニューがありますが、こちらを削除またはコメントアウトします。新たに、下記のように2つのメニューを表示するためのコードを追加します。

navigation.blade.php（実際は:activeの部分で折り返す必要はありません）

```php
<!-- Responsive Navigation Menu -->
<div :class="{'block': open, 'hidden': ! open}" class="hidden
sm:hidden">
    <div class="pt-2 pb-3 space-y-1">
        <x-responsive-nav-link :href="route('post.index')"
        :active="request()->routeIs('post.index')">
            投稿一覧
        </x-responsive-nav-link>
        <x-responsive-nav-link :href="route('post.create')"
        :active="request()->routeIs('post.create')">
            新規作成
        </x-responsive-nav-link>
    </div>
</div>
```

追加するコード

　さらにもう一か所変更を加えて、ログインした時に、**投稿一覧画面が表示される**ようにします。ログイン後に表示されるページは、app/Providers/RouteServiceProvider.phpで設定します。ファイルを開き、ファイル上部にあるpublic const HOME = '/dashboard'; の部分を削除またはコメントアウトし、下記のコードを追加します。

RouteServiceProvider.php

```php
class RouteServiceProvider extends ServiceProvider
{
    （省略）
    public const HOME = '/post';
}
```

追加するコード

　さらに、routes/web.phpファイルを開き、トップページのルート設定にミドルウェアがついていれば、外しておきます。

web.php

```php
Route::get('/', function () {
    return view('welcome');
});
```

ミドルウェアを外す

　ここまででメニューの設定ができました。一度ブラウザに画面を表示してみましょう。Webアプリにログインすると、下記のようにメニューが表示されます。

▶設定したメニューが表示された状態

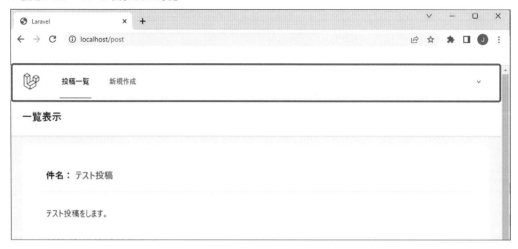

　画面を狭くすると、ハンバーガーメニューが表示されます。ハンバーガーメニューをクリックすると、スマホ用に設定したメニューが表示されます。

▶設定したメニューが搭載された状態(レスポンシブ)

ハンバーガーメニューが表示される箇所

展開されたメニュー

いい感じ。
ただ、左上のロゴがLaravelのロゴっていうのが、何だかなぁ。

その部分も変えておこう。

10-4-2 オリジナルのロゴ画像を表示

画面左上に表示されるロゴ部分も変更しておきましょう。まずはロゴ画面として使いたい画像ファイルを準備し、プロジェクト内のpublic/imgの中に設置しておきます。例えば、logo.pngとして入れておきます。

▶ public/imgの中にロゴ用の画像ファイルlogo.pngを設置（Windows 11での画面）

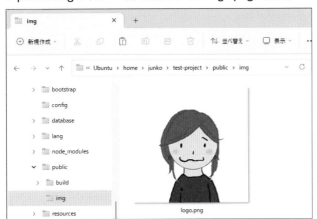

logo.png

次にロゴ部分のコードを変更します。再びresources/views/layouts/navigation.blade.phpファイルを開きます。上部に**<!-- Logo -->**というコメントが入っています。ここがロゴ部分のコードです。リンク先を下記のように変えて、ロゴをクリックすると投稿一覧ページが表示されるようにしましょう。

navigation.blade.php

```
<!-- Logo -->
<div class="shrink-0 flex items-center">
    <a href="{{ route('post.index') }}">          リンク先変更
        <x-application-logo class="block h-9 (省略) text-gray-800" />
    </a>
</div>
```

なお、上記コードから、ロゴ部分は、application-logoコンポーネントを使用していることが分かります。このファイルを編集して、設置したロゴ画像が表示されるようにしていきましょう。

resources/views/componentsの中のapplication-logo.blade.phpファイルを開きます。デフォルトで入っているコードを削除またはコメントアウトし、下記コードを追加します。

application-logo.blade.php

```
<img src="{{asset('img/logo.png') }}" width="30%">
```

publicの中にアクセスする場合は、上記のようにasset関数を使います。 ファイルの名前は、用意した画像ファイルに応じて変更してください。画像のサイズもwidth属性を入れたりして、画面に合うように変更します。

　ファイル保存後、ブラウザにWebアプリを表示して、変更したロゴが表示されるかチェックしておきましょう。画像が表示されない場合には、実際の画像ファイルと、applicatoin-logo.blade.phpファイルのファイル名が正しいかどうか、拡張子や大文字・小文字の違いも含めて確認してください。

▶ロゴ変更後の画面

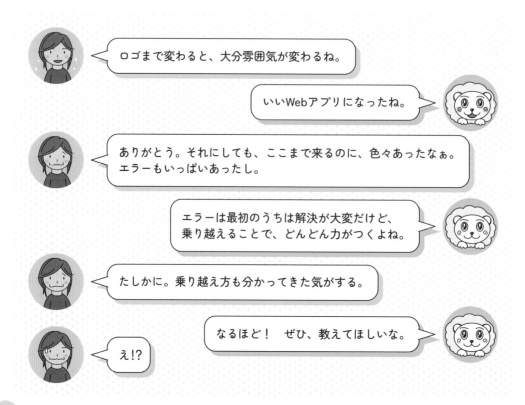

　メニュー部分も追加し、使い勝手が大分良くなりました。今回のWebアプリは、これで完成としましょう。おつかれさまでした。

　CHAPTER 11では、エラーの乗り越え方と、エラー対策をまとめておきます。困ったときに参考にしてくだいね。

CHAPTER 10でお伝えしたこと

☑シーダーとファクトリーでテストデータ作成

　テストデータを作成する機能について、説明しました。カラムの値を指定してダミーデータを作る場合は、シーダーを使います。カラム内に入れるデータのタイプを指定し、大量のデータを一度に作る場合は、ファクトリーを使うと便利です。

☑ペジネーションの搭載

　投稿一覧画面にペジネーションを搭載しました。ペジネーションのスタイルをカスタマイズする方法も説明しました。

☑コンポーネントの作成

　コンポーネントを作成して、メッセージを表示する方法を説明しました。ビュー側で複数のファイルで共通して使用するコードは、コンポーネント化しておくと便利です。

☑ナビゲーションメニューの作成

　ナビゲーションにメニューを追加する方法と、ロゴの変更方法を説明しました。

コンポーネントに属性情報を受け渡して、ロゴのサイズを変えてみる

　CHAPTER 10の最後では、ロゴをカスタマイズする方法を紹介しました。ただ、application-logoコンポーネントは、ログイン後の画面だけではなく、ログインページや登録ページにも使われています。ログイン後の画面でちょうど良いサイズのロゴは、ログインページや登録ページでは小さすぎてしまいます。

▶ ログインページのロゴが小さすぎる時の例

　この問題を修正する方法を紹介します。**コンポーネントはHTMLの属性やクラス情報を受け渡すこともできます。**この機能を利用して、ページごとに最適なサイズでロゴが表示されるようにしてみましょう。

　まず、resources/views/layouts/navigation.blade.phpファイルを開き、コードを下記のように修正します。クラス部分では、サイズ指定など省いておきます。**width属性は30**とします。

navigation.blade.php

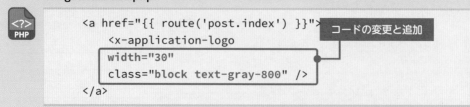

```php
<a href="{{ route('post.index') }}">
    <x-application-logo
    width="30"
    class="block text-gray-800" />
</a>
```

コードの変更と追加

次に、resources/views/auth/login.blade.phpファイルを開きます。ファイル上部を見ると、<x-guest-layout>とあるので、resources/views/layouts/guest.blade.phpファイルをテンプレートとして使用していることが分かります。

login.blade.php

```
<x-guest-layout>
    <!-- Session Status -->
    <x-auth-session-status class="mb-4"
:status="session('status')" />
```

resources/views/layouts/guest.blade.phpファイルを開くと、ファイル上部に<x-application-logoで始まるコードが入っています。この部分が、ログイン画面のロゴを構成している部分です。コードを下記の赤文字のように変更します。width属性は100とします。

guest.blade.php

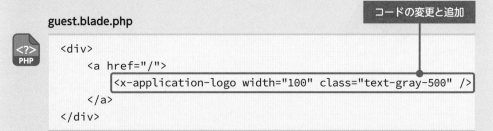

コードの変更と追加

```
<div>
    <a href="/">
        <x-application-logo width="100" class="text-gray-500" />
    </a>
</div>
```

最後に、コンポーネントファイルのコードに修正を入れます。

resouces/views/components/application-logo.blade.phpファイルを開きます。下記のようにコードを書き替えます。

application-logo.blade.php

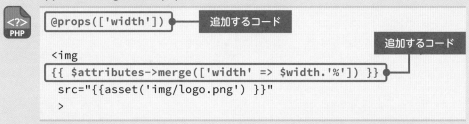

追加するコード

追加するコード

```
@props(['width'])

<img
{{ $attributes->merge(['width' => $width.'%']) }}
 src="{{asset('img/logo.png') }}"
 >
```

まず、ファイル上部にpropsを入れ、ビューファイルからwidth属性の値を受け取ります。

$width.'%'の部分は、この受け取った値に、%の文字を追加しています。

$attributesの中には、imgタグの属性が定義されています。mergeメソッドを使うことで、この属性情報に値を追加したり、入れ替えたりできます。クラス属性を指定した場合には値が追加され、それ以外の属性の場合には、値が入れ替わります。今回の場合は、width属性を指定しているので、imgタグの中にwidthの値が設定されます。

コード変更後、実際にロゴが表示される画像を表示してみましょう。ログインページは、下記のようになります。

ログインページ
http://localhost/login

▷ **ロゴサイズ変更後のログインページ**

ユーザー登録ページ（http://localhost/register）のロゴも、同じように変更されます。一方、ログイン後のページでは、画像サイズが小さく表示されます。

▷ **ログイン後のページのロゴサイズ**

11

⌄

エラーの解決方法

CHAPTER 11ではエラー対策についてご紹介します。本書を進める
上でエラーが発生して困ったときに、役立ててくださいね。最初にお
すすめのエラー解決のための3ステップを解説します。その後、本書
を進めていく上で起こりうるエラーと解決法をお見せしていきます。

エラー解決のための3ステップ

> ぼくは、エラーを無意識になおしちゃうから、
> エラー対策って、うまく説明できないんだ。
> エラーになったら、どうすればいいの？

> えーっと。改めて聞かれると困るけど。
> まず、エラーメッセージを読み解くかな。

> ふんふん。
> それから？

> それじゃ頑張って、
> わたしのエラー処理の流れを
> 詳しく説明してみるね。

　ある程度プログラミングに慣れていれば、手順など特に意識せず、エラーを処理していけます。ただ、まだ経験が少ない場合にはエラーの処理方法が分からず、行き詰まってしまうかもしれません。本章は、そんな人のために書きました。エラーの処理方法で悩んだら、参考にしてください。

　エラーは基本的に、次のステップで考えていくと、処理しやすくなります。

1 ・エラーメッセージの意味を解読する

2 ・エラーの発生箇所を推測する

3 ・エラーの原因となるコードをつきとめて修正する

　エラーメッセージが出ない場合には、2からスタートします。実際のエラー対策を通じて、この処理の流れを見ていきましょう。

STEP 1 エラーメッセージの意味を解読する

たとえば、新規投稿送信後に、次のようなエラーが出たとします。

▶エラー画面

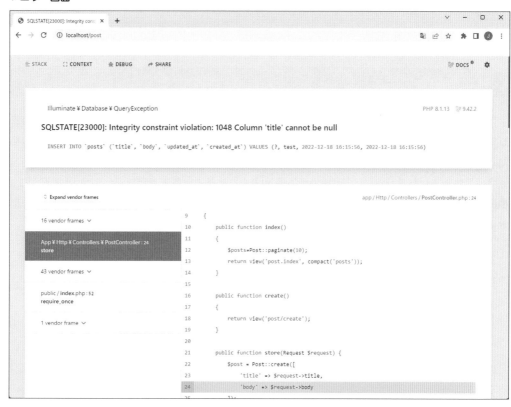

エラーメッセージは下記のとおりです。

```
Integrity constraint violation: 1048 Column 'title' cannot be null
```

エラーメッセージの意味は、下記のとおりです。

```
整合性制約違反：1048 'title'カラムをNULLにすることはできません。
```

エラーが発生したら、まずはこのように、**エラーメッセージの意味を読み解いていきましょう。**

プログラミングに慣れていない人の場合、エラーメッセージを読みとかず、そのまま検索してしまう人もいます。すぐ答えが見つかる時もありますが、おすすめしません。解決策が見つからないと八方ふさがりになりますし、それに、エラーを解読するスキルも身につかないためです。面倒でも、しっかりとエラーメッセージを解読しましょう。

英語が苦手な場合は、機械翻訳を使うと便利だよね。

Google翻訳とかだね。

STEP 2　エラーの発生箇所を推測する

エラーメッセージの意味を理解したら、次にエラーメッセージから、**どの部分でエラーが発生しているかを推測**しましょう。最初のうちはLaravelの処理の流れを頭に思い描きつつ、「このあたりかな」とエラーが起こった場所を推測すると進めやすいです。

今回発生しているエラーは、**「titleカラムをNULLにすることはできません。」**というものです。titleカラムがNULLのままコントローラに処理が受け渡されたと予想されます。つまり、ビュー部分にエラーの原因があると推測できます。

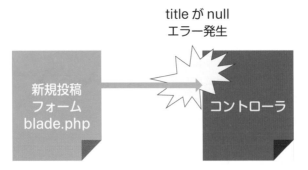

コントローラでビューからのリクエストを受け取れているかどうかを見るには、dd関数を使います。

dd関数の書き方

```
dd (表示したい値・変数)
```

今回のようなエラーでは、下記のように、storeメソッド内にdd関数を入れます。

dd関数の使い方例

```
public function store(Request $request) {
    dd($request);
    $post = Post::create([
```
$requestを表示するdd関数

```
            'title' => $request->title,
            'body' => $request->body
        ]);
        return back();
    }
```

この状態で新規投稿を送信してみると、背景が黒色の下記のような画面になります。**request の右側の三角印▼をクリック**すると、ビューからコントローラに受け渡されたリクエストを見ることができます。

▶ dd関数使用時の画面

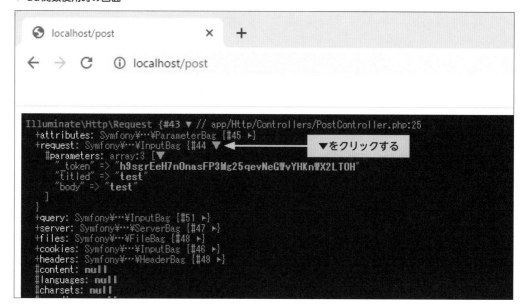

request部分

```php
+request: Symfony\Component\HttpFoundation\InputBag {#44 ▼
  #parameters: array:3 [▼
    "_token" => "h9sgrEeH7nOnasFP3Mg25qevNeGWvYHKnWX2LTOH"
    "titled" => "test"
    "body" => "test"
  ]
```

requestには値が入っているようですが、何かおかしい部分があるようです。お気づきになりましたか？　実は、titleではなく'titled'と入っているのです。どうやら、これがエラーの原因だと考えられます。次のステップでは、ビューファイルにエラーの原因となるコードがないか確認していきましょう。

ひとことアドバイス

dd関数と似たもので、ddd関数というものもあります。

ddd関数の書き方

ddd（表示したい値・変数）

ddd関数を使うと、ログインユーザやルート設定、クエリ情報など、より詳細な情報を表示できます。状況に応じて、使い分けてくださいね。

dd関数は便利だから、紹介させてもらったの。
Laravel使う人には、ぜひ知っておいてほしいな。

ddやddd関数は、エラー処理にすごく役立つよね。

STEP 3　エラーの原因となるコードをつきとめて修正する

前回のステップで、エラーの原因は、ビューファイルにあると推測できました。**ビューファイルを開いて、問題部分のコードを見ていきましょう。**

create.blade.php

```php
<div class="mt-8">
    <div class="w-full flex flex-col">
        <label for="title" class="font-semibold mt-4">件名</label>
        <x-input-error :messages="$errors->get('title')"
class="mt-2" />
        <input type="text" name="titled" class="w-auto py-2
        border border-gray-300 rounded-md" id="title"
value="{{old('title')}}">
    </div>
</div>
```

　title（件名）入力用のinputタグの中のname属性が、name='titled'となっています。本来は'title'と入れるべきところ、スペルミスをしてしまっているようです。そのためにtitleの値がないリクエストがコントローラに受け渡されました。コントローラでは$request->titleがNULLとしてPost::createメソッドに渡されたため、**「'title'カラムをNULLにすることはできません。」** とエラーが表示されたと推測できます。

　今回のエラーは、このname属性部分をname='titled'から、name='title'修正すれば解決できます。

　実際のエラーをお見せしながら、3つのステップに沿ってエラーを解決していきましたが、いかがでしたか？「使えそう」と思ったら、次回エラーが起こった時に、この3ステップを試してみてくださいね。

スペルミスとか、ちょっとしたエラー、よくやっちゃうんだよね。

人間だもの。エラーはつきものだよ。

そうだね。
（人間じゃなくて、ヒツジだよね？というツッコミはしないでおこう...）

よくあるエラーと対策

> エラー処理は、ある程度数をこなしていけば、慣れていくよね。

> うん。数をこなすのは大事だね。だけど、最初は数をこなす前にぐったりしちゃうこともあるから、よくあるエラー対策を作っておいたんだ。

> いいね。見せて！

　本書を進める上で起こりうるLaravelのエラーと対策をいくつかまとめました。困ったときにお役立てください。

11-2-1　Attempt to read property "name" on null

 エラーメッセージ

ErrorException	PHP 8.1.13　🦊 9.42.2
Attempt to read property "name" on null	

 エラーの意味

nullの"name"プロパティを読み取ろうとしました。

エラーの原因として考えられること

nameプロパティを読み取ろうとしたオブジェクトが存在しない。

 エラーへの対処

ログインしていない状態でこのエラーが出た場合、resources/views/layouts/navigation.blade.phpファイルの{{ Auth::user()->name }}が原因であると推測できます。このエラーについては、CHAPTER 3の最後のカラムに対策を掲載しているので、確認してください。

ログインしている状態でエラーが出た場合は、Auth::user()->nameが原因ではありません。存在しないオブジェクトに対して、->nameとして、nameの値を取ろうとしているコードがあるために、エラーが発生しています。該当箇所を探し、その部分に下記のように??""を追記すると、エラーを解決できます。

```php
{{$post->user->name??''}}
```

コードを加えることで、値がない場合には空白にしておくことができます。??'匿名'とすると、値がない場合には「匿名」と表示させることができます。

ただ原因が不明の場合には、??""をつけるのはやめておきましょう。**上記のコードを使うのは、オブジェクトがnullになる原因がわかっている場合だけ**にしてください。

例えば、$post->user->nameとしなければいけないところ、$post->usr->nameとしてしまった場合、常に、エラーとなります。この間違ったコードに??""をつけて$post->usr->name??""とすると、エラーは出ないものの、常にユーザーの名前が表示されないことになってしまいます。

11-2-2 Class "App\Http\Controllers\Post" not found

 エラーメッセージ

Error   PHP 8.1.13 　 9.42.2

Class "App¥Http¥Controllers¥Post" not found

"App\Http\Controllers\Postクラスが見つかりません。

 エラーの原因として考えられること

use宣言の書き漏れ。

 エラーへの対処

今回の場合はコントローラでのコードとなりますが、コントローラには先頭に、namespace App\Http\Controllers;と書かれており、階層は、App\Http\Controllersとなります。

このコントローラの中で、Post::create(xxxxx)とコードがあり、Postに関するuse文が抜けていた場合には、Laravelとしては、App\Http\Controllers\Postを探そうとします。ですが見つけられないので、エラーとなります。

エラーを解決するにはコントローラの先頭部分に下記のuse宣言を加えておきましょう。

```php
use App\Models\Post;
```

こうすることで、Post::create(xxxxx)のように名前空間を指定せずにPostを使用した場合には、App\Models\Postが使われます。

11-2-3 Call to undefined method App\Models\Post::belongTo()

 エラーメッセージ

BadMethodCallException   PHP 8.1.13   9.42.2

Call to undefined method App¥Models¥Post::belongTo()

 エラーの意味

定義されていないApp\Models\Post::belongTo()メソッドを呼び出しています

エラーの原因として考えられること

メソッド名の間違い。

 エラーへの対処

　リレーションを設定する時の belongsToメソッドを、belongTo と入れてしまった時に、この
エラーが出ます。app/Models/Post.phpファイルを開き、リレーション用のコードにスペルミ
スがないか、確認してください。

Post.php

```php
public function user() {
    return $this->belongsTo(User::class);
}
```

11-2-4 **The POST method is not supported for this route.
Supported methods: GET, HEAD, PUT, PATCH, DELETE.**

 エラーメッセージ

Symfony ¥ Component ¥ HttpKernel ¥ Exception ¥ MethodNotAllowedHttpException　　PHP 8.1.13　　🐘 9.42.2

The POST method is not supported for this route. Supported methods: GET, HEAD,
PUT, PATCH, DELETE.

 エラーの意味

　POSTメソッドは、このルートでサポートされていません。サポートされているメソッド は、
get、head、put、patch、deleteです。

 エラーの原因として考えられること

　HTTPメソッドの間違い、または記述漏れ。

エラーへの対処

　○○ method is not supported for this routeと出た場合は、ビューファイル内のaタグ（a hrefタグ）やフォームでroute関数を使って指定したURLリンクのHTTPメソッドと、routes/web.phpに入っているルート設定のHTTPメソッドが異なっている可能性があります。また、ビューファイル側にHTTPメソッドの記述が入っていない可能性もあります。この辺りを確認してください。

　たとえば、本書では投稿の編集画面(resources/views/post/edit.blade.php)でフォームタグの下に、HTTPメソッドを入れました。この部分が入っていないと、このエラーになります。

edit.blade.php

```php
<form method="post" action="{{ route('post.update', $post) }}">
    @csrf
    @method('patch')
```

11-2-5 CSS の変更が反映されない

「ビュー側が設定したとおりに反映されない」場合には、Google Chromeのデベロッパーツールを使うと便利です。

　使い方を説明します。Google Chromeでプロジェクトを開き、問題がある箇所を右クリックして［検証］メニューをクリックします。

▶ Google Chromeデベロッパーツールを起動

するとGoogle Chromeデベロッパーツールが起動し、該当箇所のHTMLコードが表示されるので、設定したCSSが反映されているか確認しましょう。

▶ Google Chrome デベロッパーツール画面

変更したTailwind CSSのコードが反映されていない場合には、Laravel Viteが起動していない可能性があります。その場合は、下記コマンドを実行して、Laravel Viteを起動します。

```
$ sail npm run dev
```

Laravel Viteが起動しているのに反映されない場合は、Ctrl+CでLaravel Viteを止めた後、再度、Laravel Viteを起動させてみてください。ブラウザの再読み込みも行ってみましょう。

なおLaravel Viteを起動させなくても、これまでに設定したスタイルを反映させたい場合には、CHAPTER 4の最後で説明したとおりsail npm run buildコマンドを実行してください。

11-2-6 投稿フォームの本文（textarea）に余分な空白が入る

▶投稿フォーム本文に余分な空白が入った例

件名

テスト

本文

テスト

送信する

ビュー部分に入った空白が反映されているのが原因です。フォーム部分の\<textarea\>\</textarea\>タグの間には、コード以外入れないようにしましょう。

フォーム部分のタグ

```php
<textarea name="body" class="w-auto py-2 border
border-gray-300 rounded-md" id="body" cols="30"
rows="5">{{old('body')}}</textarea>
```

なお本書内では、見やすくするため、コードが折り返されて表示されています。ですが、実際には改行を入れる必要はありません。

11-2-7 Field 'title' doesn't have a default value

 エラーメッセージ

Illuminate ¥ Database ¥ QueryException   PHP 8.1.13 ⬡ 9.42.2

SQLSTATE[HY000]: General error: 1364 Field 'title' doesn't have a default value

INSERT INTO `posts` (`body`, `user_id`, `updated_at`, `created_at`) VALUES (test, 1, 2023-02-07

 エラーの意味

titleフィールドにデフォルトの値が設定されていません。

 エラーの原因として考えられること

createメソッドにtitleフィールドを指定してない。あるいはcreateメソッドにはtitleを指定しているが、Modelのfillableまたはguardedが適切にはいっていないため、createメソッドにtitleが指定できない。

 エラーへの対処

このエラーはLaravel側で、titleに入れるべき値が判断できないために起こります。PostControllerのstoreメソッド内で、バリデーションの中に、'title' => 'max:20'が入っているかを確認してく

ださい。この部分が抜けていると、createメソッドにtitleの値が受け渡されません。

　また、app/Models/Post.phpファイルのfillableプロパティの中にtitleが入っているかどうかも確認してください。6-2-1「モデルに編集可能な要素を設定」で解説したとおり、複数のフィールドを一括で保存する場合、fillableまたはguardedプロパティを使って、編集可能な要素を設定する必要があります。要素が設定されていない場合には、このようなエラーになります。

11-2-8　VS Code 上でコードの下に赤い線が入って気になる

 エラーの状況

VS Code上で、コードに赤い波線が入るが、動作に異常はない。

▶赤い線が入ったVS Code画面

```
📄 PostController.php 3 ✕

app › Http › Controllers › 📄 PostController.php › ...
 76          }
 77
 78          public function destroy(Request $request,Post $post)
 79          {
 80              $post->delete();
 81              $request->session()->flash('message', '削除しました');
 82              return redirect('post');
 83          }
 84      }
 85
```

 エラーの原因として考えられること

拡張機能の影響。

 エラーへの対処

　VS Code上で、コードに赤い波線が入るものの、動作に異常はなく、エラーとは考えられない場合、拡張機能が原因の可能性があります。VS Codeが把握できる範囲で「間違いではないか」と思われる部分に赤い波線が入るものの、実際にコードはVS Codeで実行されるわけではなくWebサーバーアプリで実行されるので、コードは間違っていない。そのため、動作は正常なのに赤い波線が入ってしまう、という状態になってしまいます。以前、PHP Intelephenseを入れると、こういった現象が発生したとの報告がありました。もし拡張機能をいれている場合には、無効にしたり、設定を変更したりしてみてください。

上記の例ではflashに赤い波線が入っていますが、routes/web.phpファイル上で、Route部分に赤い波線が入ったりすることもあります。

11-2-9 コマンドを実行すると Command 'sail' not found と出る

 エラーの状況

VS Code上でsailで始まるコマンドを実行すると、Command 'sail' not foundと出る。

▶エラー画面

```
junko@ga401ih:~/test-project$ sail php artisan db:seed --class=PostSeeder
Command 'sail' not found, but can be installed with:
sudo apt install bsdgames
```

 エラーの意味

このエラーは「コマンド'sail'が見つかりません」という意味です。

 エラーの原因として考えられること

エイリアスの設定が適切に行われていない。

 エラーへの対処

CHAPTER 2の「エイリアスの設定」を参考に、エイリアスが正しく設定されているか、ご確認ください。なお、.bashrcファイルにエイリアスを設定しますが、この時に、等号記号（=）の前後のスペースがあると、本エラーが表示されます。スペースが入っていないか、見てみてください。スペースがあった場合はスペースを消した後、VS Codeを再度起動しなおしてから、コマンドを実行してください。

.bashrcファイル

```
alias sail="./vendor/bin/sail"
```

なお、プロジェクトのトップディレクトリではない場所でコマンドを実行すると、「bash: ./vendor/bin/sail: No such file or directory」というエラーが出ます。この場合には、プロジェクトのトップディレクトリに移動してから、コマンドを実行してください。

No such file or directory エラーが表示される

 エラーの状況

シーダーを作成しようとした時に、エラーとなる。

▶エラー画面

```
junko@ga401ih:~/test-project$ sail php artisan db:seed --class=PostSeeder

  INFO   Seeding database.


  ErrorException

  include(/var/www/html/vendor/composer/../../database/seeders/PostSeeder.php
): Failed to open stream: No such file or directory
```

 エラーの意味

No such file or directoryエラーは「そんなファイルやディレクトリはない」という意味です。

 エラーの原因として考えられること

元々のファイルやフォルダの名前が間違えている。

 エラーへの対処

　PostSeeder.phpファイルのファイル名が間違えていないか、確認しましょう。もしファイル名が間違えている場合には、間違えたファイル名に合わせてコマンドを実行するか、ファイル名を変更するか、どちらかの対策を取ってください。なおファイル名が間違えている場合は、ファイル内のクラス名も間違えています。ファイル名を変更する場合には、ファイル内のクラス名も忘れずに変更しましょう。

▶PostSeeder.phpファイルを作ろうとして、間違えてPostSeederr.phpファイルを作成した場合のクラス名

```
1    <?php
2
3    namespace Database\Seeders;
4
5    use Illuminate\Database\Console\Seeds\WithoutModelEvents;
6    use Illuminate\Database\Seeder;
7
8    class PostSeederr extends Seeder
9    {
```

　Laravel Breezeインストール時に、"severity vulnerabilities"が理由で、エラーになることもあります。このエラーは、パッケージの中にセキュリティ上、やや弱い部分が見つかった時にでます。

　解決するには、エラーを読んで、指示に従ってコマンドをいれてください。

　たとえば、次のようにエラーが表示されたとします。

```
found 1 high severity vulnerabilityrun npm audit fix to fix them, or npm
audit for details
```

　これは、「かなり深刻な脆弱性が見つかりました。修正するにはnpm audit fixを実行してください。詳細はnpm auditを見てください。」といった意味です。解決するには、指示にあるとおり、npm audit fixを実行しましょう。その後、エラーが解決したら、再度インストールを実行してください。

 この章でお伝えしたこと

☑ エラー処理のステップ

　　エラーが起こったときの処理の流れを説明しました。エラー処理に慣れていない場合には、参考にしてください。

☑ よくあるエラーと対策

　　本書を通じてLaravelのコードを実行した時に、起こりうるエラーと対策をいくつか紹介しました。

今後の学習について

ここまで、Laravelの基本の構造、コードの入力方法、エラー対策を
ご説明してきました。

現時点で「Laravelの使い方は分かった。早速、自分でWebアプリを
作ってみたい。」と思ったら、本章をとばして、ぜひ今からWebアプ
リ開発をスタートしてください。

ただ「Laravelの基本の使い方は分かったけど、まだWebアプリを作
るのは難しい」と感じる方も多いと思います。本章はそんな時のため
に、このあとの学習方法や、役立つサイトをご紹介します。ここから
先Laravelスキルを上げるために、参考にしてくださいね。

これからの学習方法について

ここまで、本書を通じて以下の点を解説してきました。

- Laravelの基本の処理の流れ
- LaravelでCRUD（クラッド）処理を行う方法
- ミドルウェアを使った動作の制限
- テストデータ・ペジネーションといった便利機能の活用方法

いかがでしたか？

もし一度読んでもイマイチ分からなかった場合には、2回、3回と繰り返し読んでみてください。最初は分かりにくかった箇所も、後から理解できるようになっていきます。その際、実際に手を動かしてコードを入れたり、テキストエディタやワードファイルにメモ書きを残したりしながら読むのがおすすめです。わたし自身、新しいことを学ぶ時には、「大事だな」「良いな」と思ったことをワードファイルに入力するようにしています。入力の時間はかかるものの、**アウトプットすることで理解が深まるので、結果的に効率よくスキルが身に付きます。**

また、ある程度Laravelの使い方が分かってきたと感じたら、ぜひご自身で**いちからコードを書いてみてください。**本書を通じて作成したWebアプリに機能を追加したり、アレンジを加えたりするところから始めると進めやすいですよ。いちからコードを書く時には、調べたり、考えたり、試行錯誤する必要が出てきます。辛いこともありますが、こういった経験を経ることで、確実にスキルが身についていきます。

試行錯誤かぁ。
大変そうだけど、がんばらなきゃなぁ。

大丈夫。
千本ノックのつもりで、がんばってみて！

う。そういわれると、ますますヤル気なくなるよ。

え、そう？

もし「まだいちからコードを組むのはツライ」「もうちょっと色々な機能を覚えてからにしたい」と思ったら、学習サイト**「Laravelの教科書」**に登録してみてくださいね。こちらは、わたしが運営しているLaravel学習サイトになります。

本書はLaravelの基本機能を理解する部分に重点をおいていますが、学習サイトは、コードを入力しながら実践的にLaravelを使う部分に重点をおいています。本書ではお伝えしきれなかった下記機能の実装方法も紹介しています。

● **フォームを通じて画像を送信・保存する方法**
● **コメント機能の実装方法**
● **メール自動送信機能の搭載方法**
● **ポリシーを使った動作制限**
● **管理者によるアカウント管理機能の搭載方法**

▶ Laravelの教科書・Laravel 9 版のサンプルサイトイメージ

学習サイトは基礎編と上級編に分かれていますが、**基礎編は無料**で受講いただけます。上記でご紹介した機能の中では、画像の送信・保存方法が無料の基礎編に入っています。気になったら、下記のURLに案内を載せているので、見てみてくださいね。

Laravel の教科書の案内ページ
https://textpro.addisteria.com/newsletter

良かったら、登録してみてね。
学習サイトでも、ぼくたちが登場するよ。

引き続き、一緒にLaravelを学びましょう♪

最後に、Laravelを学ぶにあたり役立つサイトもご紹介しておきます。

Laravel 公式マニュアル
https://readouble.com/

Laravelの公式マニュアルです。困った時には、こちらが役立ちます。

▶ Laravel公式マニュアル

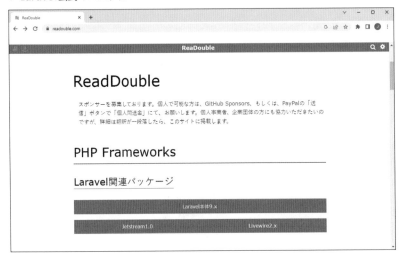

Tailwind CSS 公式マニュアル
https://tailwindcss.com/

Tailwind CSSの公式マニュアルです。
本書内でも紹介しましたが、Tailwind CSSを使う時に、参考になります。

▶ Tailwind CSS公式マニュアル

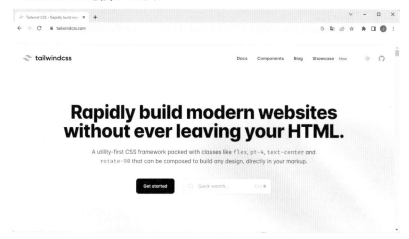

Junko のブログ「40 代からプログラミング！」
https://biz.addisteria.com/

　筆者が運営中のブログです。**junko laravel**というキーワードで検索すると、ヒットします。
LaravelやPHPについて解説しています。初心者向けの記事だけでなく、API連携などの応用的な
手法も紹介しています。Webアプリを開発する上で、役立ててください。

▶ Junkoのブログ

さいごに

　本書は楽しく、分かりやすくLaravelを学んでほしいという想いから、キャラクターを登場させ、セリフを織り交ぜながら進んでいく形にしました。わたしは絵を書いたり、台詞を考えたりするのが好きなので、時にニヤニヤしつつ、本書を執筆させて頂きました。あなたに「分かりやすかった！」「楽しく学べた」と感じてもらえたら何より嬉しいです。

　本書を執筆するにあたり、色々な方のサポートや助言を得ました。出版社であるソシムさんには、Laravelの教本を書く機会を頂き、感謝しています。編集者の方には、各所で力強い助言を頂きました。本の特徴を活かし、いかに読者さんに見やすいものを作るか。いかに疑問が残らないよう、分かりやすく説明をするか。試行錯誤する中で、学ばせて頂きました。

　新井さん、昇平さん、野崎さん、和多田さんには、原稿のレビューをして頂きました。皆さん、わたしが運営しているLaravel学習サイト『Laravelの教科書』を受講した方です。レビューでは、細かいとこまで見て頂き、数々の貴重なご意見を頂きました。インストール部分では複数環境で試して頂き、詳細なエラー報告も頂きました。おかげで、より読みやすくなり、エラー対策も増やせました。本当に、感謝に堪えません。お忙しい中、ありがとうございました。

　『Laravelの教科書』の受講生さんの中には、他にもレビューやご協力を申し出てくださる方々がいました。時間等の都合でお断りせざるをえませんでしたが、温かいメッセージ、とても嬉しかったです。ありがとうございます。

　hitsujiのモデルでもある夫には、執筆後のチェックをお願いしました。本書の中ではhitsujiは何かの拍子に情熱的に説明を始めますが、これは、夫の性格を反映しています。夫は小学生の時からプログラミングを始めた筋金入りのプログラマです。普段はのんびりした人ですが、何かのスイッチが入ると、電化製品や技術的なことに関する熱い説明がスタートしてしまいます。本書執筆にあたっては、細かいところにも熱いツッコミをいれてくれました。おかげで具体的で詳しい説明が増え、より分かりやすい教本にすることができました。いつも熱い説明をさえぎっちゃうけど、感謝してます！

　最後に、数あるLaravelの教材の中から、本書を選び、そして最後まで読んでくれたあなたに感謝します。本書があなたのスキルアップに役立つことを心より願っております。本書でお伝えした知識は、Laravelの土台部分となります。ここから先、土台の上にどんどん知識と経験を積み上げていってください。そして、Laravelで素敵なWebアプリを作ったり、望みのキャリアを切り開いていったりしてくださいね。

　それでは引き続き、楽しくLaravelを使っていきましょう！

索　引

著者紹介

加藤 じゅんこ （かとう じゅんこ）

早稲田大学大学院文学研究科修士修了。翻訳会社にて10年勤務。ツールを使用した業務効率化に取り組む。
第2子出産後に英語をやり直してTOEIC 960点・英検1級を取得。独立・起業し、英語講師となる。また海外のIT企業と契約し、同社のクラウドツールを日本企業に広める。
売上は順調に上がるが、日本と海外のツールに関する考え方の違いから板挟み状態に悩み、海外企業との契約を終了する。今後を考える中で、「人が作ったツールのサポートをするより、いっそ自分でツールを作れるようになろう」と思いたち、40代でプログラミング学習をスタート。試行錯誤しつつ、PHP学習後にLaravelを学び、Webエンジニアとなる。
現在は法人向けにWebアプリ開発を行う傍ら、学習サイト「Laravelの教科書」を開発・運営中。2023年9月現在、受講者数は1500名を超える。また、プログラミングに関するセミナー、コンサルティングも行っている。ブログやYouTubeでも、Laravelやプログラミングについて、分かりやすく解説中。

運営ブログ

「40代からプログラミング！」 https://biz.addisteria.com/

スタッフ（敬称略）

■カバー・本文デザイン：クオルデザイン 坂本 真一郎
■カバーイラスト：加藤 じゅんこ
■本文DTP：有限会社 中央制作社

- 本書の一部または全部について、個人で使用するほかは、著作権上、著者およびソシム株式会社の承諾を得ずに無断で複写／複製することは禁じられております。
- 本書の内容の運用によって、いかなる障害が生じても、ソシム株式会社、著者のいずれも責任を負いかねますのであらかじめご了承ください。
- 本書の内容に関して、ご質問やご意見などがございましたら、下記のソシムのWebサイトの「お問い合わせ」よりご連絡ください。なお、電話によるお問い合わせ、本書の内容を超えたご質問には応じられませんのでご了承ください。

Laravelの教科書 バージョン10対応

2023年 3月30日 初版第1刷発行
2024年 4月22日 初版第3刷発行

著　者	加藤 じゅんこ
発行人	片柳 秀夫
編集人	志水 宣晴
発行所	ソシム株式会社
	https://www.socym.co.jp/
	〒101-0064　東京都千代田区神田猿楽町1-5-15 猿楽町SSビル
	TEL：03-5217-2400（代表）　FAX：03-5217-2420
印刷・製本	シナノ印刷株式会社

定価はカバーに表示してあります。
落丁・乱丁は弊社編集部までお送りください。送料弊社負担にてお取り替えいたします。

ISBN978-4-8026-1408-5　©2023 合同会社クリエイトモア　加藤 じゅんこ　Printed in Japan